Noções básicas de segurança em laboratório

Daniel Brustolin Ludwig
Luciana Erzinger Alves de Camargo

Rua Clara Vendramin, 58 | Mossunguê
CEP 81200-170 | Curitiba-PR | Brasil
Fone: (41) 2106-4170
www.intersaberes.com
editora@intersaberes.com

Conselho editorial
- Dr. Alexandre Coutinho Pagliarini
- Dr.ª Elena Godoy
- M.ª Maria Lúcia Prado Sabatella
- Dr. Neri dos Santos

Editora-chefe
- Lindsay Azambuja

Gerente editorial
- Ariadne Nunes Wenger

Assistente editorial
- Daniela Viroli Pereira Pinto

Preparação de originais
- Ana Maria Ziccardi

Edição de texto
- Arte e Texto Edição e Revisão de Textos
- Millefoglie Serviços de Edição
- Camila Rosa

Capa e projeto gráfico
- Luana Machado Amaro (*design*)
- SEVENNINE_79/Shutterstock (imagem)

Diagramação
- Kátia Priscila Irokawa

Equipe de *design*
- Luana Machado Amaro
- Charles L. da Silva

Iconografia
- Regina Claudia Cruz Prestes
- Maria Elisa Sonda

Dados Internacionais de Catalogação na Publicação (CIP)
(Câmara Brasileira do Livro, SP, Brasil)

Ludwig, Daniel Brustolin
  Noções básicas de segurança em laboratório / Daniel Brustolin Ludwig, Luciana Erzinger Alves de Camargo. -- Curitiba, PR : Editora Intersaberes, 2023.

  Bibliografia.
  ISBN 978-65-5517-038-2

  1. Laboratórios - Controle de qualidade 2. Laboratórios - Medidas de segurança - Normas 3. Laboratórios - Técnicas e procedimentos I. Camargo, Luciana Erzinger Alves de. II. Título.

22-140579   CDD-363.11966

Índices para catálogo sistemático:

1. Laboratórios químicos : Normas e regulamentações : Medidas de segurança   363.11966

Eliete Marques da Silva - Bibliotecária - CRB-8/9380

1ª edição, 2023.

Foi feito o depósito legal.

Informamos que é de inteira responsabilidade dos autores a emissão de conceitos.

Nenhuma parte desta publicação poderá ser reproduzida por qualquer meio ou forma sem a prévia autorização da Editora InterSaberes.

A violação dos direitos autorais é crime estabelecido na Lei n. 9.610/1998 e punido pelo art. 184 do Código Penal.

Sumário

Apresentação □ 5
Como aproveitar ao máximo este livro □ 8

Capítulo 1
Laboratório químico □ 12
1.1 Normas de segurança □ 13
1.2 Trabalho do químico □ 21
1.3 Ambiente laboratorial □ 28
1.4 *Layout* de um laboratório seguro □ 34
1.5 Projetos elétrico e hidráulico □ 42

Capítulo 2
Proteção contra riscos no laboratório □ 49
2.1 Equipamento de proteção individual □ 50
2.2 Equipamento de proteção coletiva □ 60
2.3 Risco □ 62
2.4 Proteção contra riscos químicos □ 64
2.5 Proteção contra incêndios □ 67

Capítulo 3
Boas práticas laboratoriais □ 76
3.1 Operações com vidrarias □ 77
3.2 Proteção contra impactos □ 87
3.3 Prevenção de choques térmicos □ 90
3.4 Transporte de vidrarias e de reagentes em laboratórios □ 92
3.5 Descarte □ 94

Capítulo 4
Produtos químicos e reagentes □ 102
4.1 Manuseio correto de produtos químicos □ 103
4.2 Transporte de produtos químicos □ 110
4.3 Manuseio de produtos químicos e possíveis derramamentos □ 117
4.4 Armazenamento de produtos químicos □ 122
4.5 Descarte de produtos químicos □ 125

Capítulo 5
Gases □ 135
5.1 Diferença entre gás e vapor □ 136
5.2 Intoxicação por gases □ 137
5.3 Gases sob pressão □ 140
5.4 Armazenamento de cilindros □ 142
5.5 Incompatibilidade de gases □ 143

Capítulo 6
Prevenção de incêndios e primeiros socorros □ 149
6.1 Principais causas de incêndios em laboratórios □ 150
6.2 Classificação de líquidos combustíveis/inflamáveis □ 151
6.3 Problemas em equipamentos elétricos □ 154
6.4 Noções de primeiros socorros □ 155

Considerações finais □ 171
Bibliografia comentada □ 173
Lista de siglas □ 175
Referências □ 177
Respostas □ 188
Sobre os autores □ 191

Apresentação

Ter clareza sobre conceitos relacionados aos riscos e à segurança em um laboratório é crucial para os profissionais da química, pois trabalharão em um laboratório ou serão responsáveis pelo correto treinamento de pessoas que atuarão nesse tipo de ambiente, independentemente de essa atuação ser contínua ou esporádica. Por essa razão, nesta obra, intencionamos elucidar tais conceitos e habilitar o(a) estudante ou profissional de química com conhecimentos e informações de caráter preventivo sobre as principais situações que envolvem a atuação em um laboratório químico, em consonância com as normas de segurança aplicadas a esse ambiente.

Portanto, destinamos este material aos profissionais que, de forma direta ou indireta, estão expostos a riscos químicos, bem como aos que podem ser geradores de resíduos com potencial de colocar em risco o meio ambiente, incluindo, assim, químicos, engenheiros químicos, farmacêuticos e técnicos em química.

As empresas em que o contato com compostos químicos e reagentes pode gerar acidentes e problemas de saúde são inúmeras. Entre elas, figuram as indústrias têxteis, de tintas, de cosméticos, de alimentos, bem como empresas de controle de qualidade de processos. Sabe-se que é função do empregador manter a segurança da equipe, procedimento fundamental para o bom andamento dos processos, levando em conta que os acidentes de trabalho podem causar danos irreparáveis, além de traumas e sequelas.

A preocupação com o operador soma-se a legislações ambientais cada vez mais rigorosas com a conduta das empresas. Ademais, do ponto de vista da sustentabilidade, uma empresa desinteressada pelos impactos que provoca no meio ambiente compromete sua imagem. Eis por que é imprescindível a formação continuada de uma equipe com conhecimento alicerçado para atuar de forma consciente com os riscos químicos.

Assim, para atender às exigências da formação do profissional que exerce funções em um laboratório, organizamos o conteúdo desta obra em seis capítulos, conforme explicamos a seguir.

No Capítulo 1, apresentamos uma noção do que é um laboratório químico e suas principais características. Também arrolamos os principais insumos e reagentes utilizados nesses locais, sem deixar de descrever um pouco das legislações mais importantes envolvidas na prática e na realidade dos laboratórios químicos.

No Capítulo 2, abordamos o uso de equipamentos de proteção, tanto individual quanto coletiva, além dos riscos que justificam sua utilização.

As boas práticas de laboratórios, tratadas no Capítulo 3, são o ponto-chave da atuação de um profissional em um laboratório químico, pois elas favorecem a correta tomada de decisão e a condução dos procedimentos e demais atividades no ambiente laboratorial. Com isso, garante-se a prática segura de todos os protocolos necessários para o bom andamento do laboratório. Também versamos sobre os produtos químicos em geral no Capítulo 4. No Capítulo 5, discorremos sobre a manipulação de gases em um ambiente de laboratório químico, os riscos, os cuidados, as exigências, entre outros aspectos.

Para concluir, no Capítulo 6, tratamos da prevenção de incêndios e de noções de primeiros socorros, pois são situações reais que podem afetar a prática nesses locais de trabalho – mesmo que as boas práticas sejam seguidas corretamente, acidentes podem acontecer.

Esperamos que você desfrute da leitura e que aproveite para se atualizar nesta temática tão relevante para a prátia profissional.

Como aproveitar ao máximo este livro

Empregamos nesta obra recursos que visam enriquecer seu aprendizado, facilitar a compreensão dos conteúdos e tornar a leitura mais dinâmica. Conheça a seguir cada uma dessas ferramentas e saiba como elas estão distribuídas no decorrer deste livro para bem aproveitá-las.

Introdução do capítulo
Logo na abertura do capítulo, informamos os temas de estudo e os objetivos de aprendizagem que serão nele abrangidos, fazendo considerações preliminares sobre as temáticas em foco.

Importante!
Algumas das informações centrais para a compreensão da obra aparecem nesta seção. Aproveite para refletir sobre os conteúdos apresentados.

Síntese
Ao final de cada capítulo, relacionamos as principais informações nele abordadas a fim de que você avalie as conclusões a que chegou, confirmando-as ou redefinindo-as.

Atividades de autoavaliação

Apresentamos estas questões objetivas para que você verifique o grau de assimilação dos conceitos examinados, motivando-se a progredir em seus estudos.

Atividades de aprendizagem

Aqui apresentamos questões que aproximam conhecimentos teóricos e práticos a fim de que você analise criticamente determinado assunto.

- Posicionar a boca do tubo de ensaio sempre para o lado oposto ao do operador.
- Usar pinça para segurar o tubo de ensaio.

Fique atento!

Em caso de aquecimento de tubos de ensaio em bico de Bunsen, é indispensável o uso de EPIs.

Figura 3.10 – Bico de Bunsen

Aconselha-se, ainda, a utilização de anteparos de segurança para o aquecimento de líquidos em laboratório químico, como telas de amianto e placas de cerâmicas.

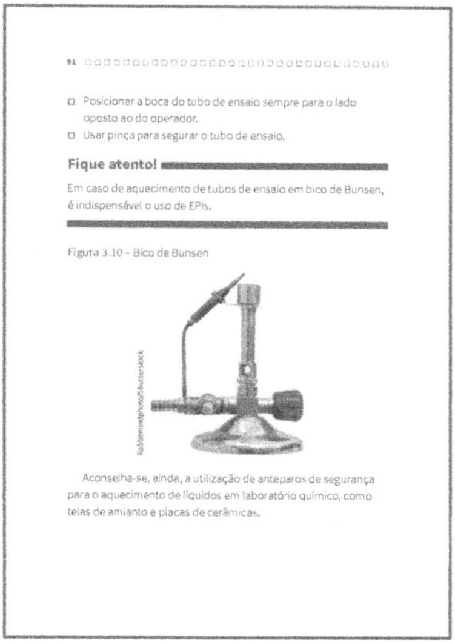

Fique atento!

Ao longo de nossa explanação, destacamos informações essenciais para a compreensão dos temas tratados nos capítulos.

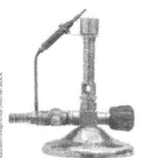

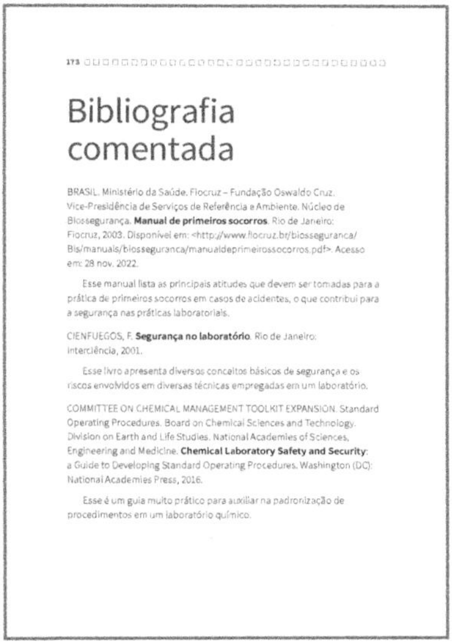

Bibliografia comentada

BRASIL. Ministério da Saúde. Fiocruz – Fundação Oswaldo Cruz. Vice-Presidência de Serviços de Referência e Ambiente. Núcleo de Biossegurança. **Manual de primeiros socorros**. Rio de Janeiro: Fiocruz, 2003. Disponível em: <http://www.fiocruz.br/biosseguranca/Bis/manuais/biosseguranca/manualdeprimeirossocorros.pdf>. Acesso em: 28 nov. 2022.

Esse manual lista as principais atitudes que devem ser tomadas para a prática de primeiros socorros em casos de acidentes, o que contribui para a segurança nas práticas laboratoriais.

CIENFUEGOS, F. **Segurança no laboratório**. Rio de Janeiro: Interciência, 2001.

Esse livro apresenta diversos conceitos básicos de segurança e os riscos envolvidos em diversas técnicas empregadas em um laboratório.

COMMITTEE ON CHEMICAL MANAGEMENT TOOLKIT EXPANSION. Standard Operating Procedures. Board on Chemical Sciences and Technology. Division on Earth and Life Studies. National Academies of Sciences, Engineering and Medicine. **Chemical Laboratory Safety and Security**: a Guide to Developing Standard Operating Procedures. Washington (DC): National Academies Press, 2016.

Esse é um guia muito prático para auxiliar na padronização de procedimentos em um laboratório químico.

Bibliografia comentada

Nesta seção, comentamos algumas obras de referência para o estudo dos temas examinados ao longo do livro.

Capítulo 1

Laboratório químico

A preocupação com a saúde do trabalhador é algo recente e marcou uma mudança social e cultural bastante significativa. As práticas teóricas do campo da saúde ocupacional são hoje indispensáveis para um ambiente de trabalho saudável e seguro.

Na área da química, especificamente, os perigos são iminentes em razão do manuseio de reagentes com riscos inerentes. É necessário, portanto, conhecer regulamentações legais sobre o ambiente laboratorial, os produtos a serem utilizados e as atitudes a serem tomadas a fim de evitar acidentes.

Ressaltamos que o processo de prevenção a acidentes no laboratório químico é uma ação contínua porque, diariamente, surgem novos produtos, processos e conhecimentos a respeito da manipulação da matéria.

1.1 Normas de segurança

A relação entre o ser humano e o trabalho remonta à pré-história; nesse momento histórico, o trabalho de colher o que a natureza oferecia era uma atividade praticada apenas para subsistência. Entretanto, com a evolução da sociedade e, consequentemente, o surgimento de novas necessidades e a inclusão de alguns objetos e práticas, o trabalho tornou-se uma atividade envolta em riscos com potencial para acidentes.

Ainda bastante rudimentares, as ferramentas produzidas pelos primeiros hominídeos eram utilizadas para quebrar ossos e sementes. Com a evolução da espécie, o *homus erectus* aprendeu a manusear e a controlar o fogo e a produzir roupas costurando as peles dos animais com seus tendões. Podemos supor, portanto, que a presença de riscos potenciais foi constante desde os primórdios de nossa espécie.

Figura 1.1 – Família de *Homo neanderthalensis* cozinhando carne de caça

Fazendo um salto na história, a Revolução Industrial, ocorrida no século XVIII, e o período após a Primeira Guerra provocaram profundas mudanças no mundo do trabalho. Essas transformações decorreram da mecanização e do aumento da presença de mão de obra feminina nas fábricas, em razão da perda ou da incapacidade dos homens que lutaram na guerra. Apesar disso, a segurança no trabalho não era considerada fator primordial. Em outras palavras, a legislação trabalhista, os métodos de prevenção de acidentes e a preocupação com a saúde do trabalhador ainda não haviam tomado forma.

Verificou-se, nesse período, um aumento significativo de problemas relacionados à saúde dos trabalhadores, muitas vezes causados pela mecanização, como o uso do vapor, e pelas exaustivas jornadas de trabalho, que poderiam chegar, em alguns casos, a 16 horas consecutivas.

No Brasil, a segurança no trabalho tem alguns marcos históricos, listados a seguir, que demonstram a preocupação dos dirigentes do país, bem como dos empresários e dos próprios trabalhadores:

- A preocupação com prevenção de acidentes teve início com o Decreto n. 1.313 (Brasil, 1891), de 17 de janeiro de 1891, lei para proteção ao trabalho dos menores.
- A primeira lei brasileira sobre acidentes de trabalho foi o Decreto n. 3.724, de 15 de janeiro de 1919 (Brasil, 1919).
- A Associação Brasileira para Prevenção de Acidentes (ABPA) foi fundada em 21 de abril de 1941.
- A Consolidação das Leis do Trabalho (CLT), instrumento jurídico que viria a ser prática efetiva da prevenção de acidentes de trabalho no Brasil, foi aprovada pelo Decreto-Lei n. 5.452, em 1º de maio de 1943 (Brasil, 1943).
- O Decreto-Lei n. 7.036, de 10 de novembro de 1944 (Brasil, 1944), reformulou a lei de acidentes de trabalho, possibilitando mais entendimento e agilizando a implementação dos dispositivos da CLT referentes à segurança e à higiene do trabalho, garantias assistenciais aos acidentados e indenizações por danos pessoais causados por acidentes. No art. 82, criou as Comissões Internas de Prevenção de Acidentes do Trabalho (Cipas).

A segurança do trabalhador é assunto que merece atenção e cuidado contínuos, bem como constante evolução, uma vez que o avanço da tecnologia constrói novos cenários, oferecendo novos riscos aos trabalhadores.

Em resposta à obrigatoriedade determinada pela Organização Internacional do Trabalho (OIT), na Convenção n. 161, de 7 de junho de 1985 (OIT, 1985), o Ministério do Trabalho brasileiro publicou a Portaria n. 3.214, de 8 de junho de 1978 (Brasil, 1978), pautada no art. n. 200 da CLT, redigida com base na Lei n. 6.514, de 22 de dezembro de 1977 (Brasil, 1977), aprovando as normas regulamentadoras do Capítulo V, Título II, da CLT.

O Capítulo V do Decreto-Lei n. 5.452/1943, que aprova a CLT, dispõe sobre a segurança e a medicina no trabalho e estabelece as normas regulamentadoras (NRs), compreendendo direitos e deveres a serem cumpridos por empregados e empregadores, cujo objetivo principal é prevenir acidentes e doenças causadas pelo ambiente de trabalho.

A utilização de agentes químicos de forma consciente, visando à proteção da saúde do trabalhador e dos seres humanos de modo geral, além do meio ambiente, é preconizada pela Organização Mundial da Saúde (OMS). A organização incentiva o uso de mecanismos, dispositivos e instrumentos com a finalidade de regulamentar a segurança química e, com isso, prevenir possíveis problemas relacionados à utilização, ao transporte e ao descarte dos mais variados tipos de produtos químicos.

Reiteramos que todo ambiente de trabalho deve ser saudável e seguro; no caso de laboratórios químicos, porque os trabalhadores estão ainda mais expostos a riscos e perigos, estes devem ser minimizados. Para garantir o ambiente adequado, normas de segurança devem ser seguidas em sua integralidade (Brasil, 1943; Brasil, 2022a).

Figura 1.2 – Sinalização de risco em um laboratório químico

Artur Wnorowski/Shutterstock

Existem 37 NRs que dispõem sobre: Comissão Interna de Prevenção de Acidentes (Cipa), como a NR-5; equipamentos de proteção individual (EPIs), como a NR-6; e avaliação e controle da exposição ocupacional a agentes físicos, químicos e biológicos, como a NR-9; entre outras que são usadas para embasar a elaboração de normas internas de segurança (Brasil, 2022a).

Os laboratórios químicos são setores classificados com elevado risco, portanto, propícios à ocorrência de acidentes de pequena, média e grande gravidade. As situações potenciais de acidente em laboratório químico podem ser geradas pela manipulação de agentes corrosivos, inflamáveis, tóxicos, mutagênicos, teratogênicos e cancerígenos, todos configurando riscos ocupacionais. Devido à elevada complexidade de produtos e atividades desse tipo de laboratório, é necessário um programa permanente de segurança para prevenir e minimizar constantemente os riscos de acidentes (CRQ-SP, 2012).

Figura 1.3 – Variedade de compostos químicos que classificam o laboratório químico como setor de elevado risco laboral

Antoine2K/Shutterstock

Nesse contexto, todo laboratório químico necessita de um programa permanente de segurança e prevenção que deve conter, além do levantamento de riscos potenciais: estratégias para eliminar ou minimizar os riscos; adoção de medidas de proteção individual; e, principalmente, capacitação constante das pessoas envolvidas nos riscos ocupacionais registrados (Brasil, 2019).

Concebida em 1978, com recente revisão pela Portaria n. 6.735, de 10 de março de 2020, e vigência a partir de 3 de janeiro de 2022, a NR-9, por exemplo, "dispõe sobre a avaliação e controle das exposições ocupacionais a agentes físicos, químicos e biológicos" (Brasil, 2020b) e explica que as normas de segurança são dependentes das características de exposição ao risco.

Inicialmente, é preciso identificar os fatores causadores de risco. Como esclarece a NR-9, por meio da Portaria n. 25, de 29 de dezembro de 1994, publicada pela Secretaria de Saúde e Segurança do Trabalho, do Ministério do Trabalho:

> Consideram-se riscos ambientais os agentes físicos, químicos e biológicos existentes nos ambientes de trabalho que, em função da sua natureza, concentração ou intensidade e tempo de exposição, são capazes de causar danos à saúde do trabalhador. (Brasil, 1994)

Desse modo, é imprescindível conhecer os riscos a que o trabalhador está exposto para estabelecer estratégias e rotinas para evitar ou minimizar os riscos ocupacionais. Além dos riscos ambientais gerados pelo trabalho com produtos químicos, a NR-9 (Brasil, 1994) classifica os riscos químicos para fins de confecção de mapa de risco, sendo que a natureza da exposição pode ser proveniente das seguintes exposições:

- poeiras;
- fumos;
- névoas;
- neblinas;
- gases;
- vapores;
- exposição a substâncias, compostas ou produtos químicos em geral.

Seguindo as informações contidas nas NRs, uma vez que a complexidade e os riscos a que o operador estará exposto dependem do tipo de trabalho executado, deve-se estabelecer um manual interno de segurança laboratorial com base nas informações presentes nos produtos selecionados com o intuito de instituir regras básicas e cuidados.

Destacamos como regras básicas: o uso obrigatório de equipamentos de proteção individual; o conhecimento sobre a utilização dos equipamentos de proteção coletiva; a preocupação com o risco ambiental dos resíduos gerados; o conhecimento de regras básicas para a contenção de fogo excessivo ou incêndio; e, principalmente, a ciência sobre os riscos no manuseio e no armazenamento de produtos com os quais trabalhamos, como ácidos, bases e compostos voláteis.

As normas de segurança são mais do que um conjunto detalhado de procedimentos, cujo objetivo é fornecer, de forma detalhada, escrita e frequentemente revisada, informações sobre como utilizar e gerenciar produtos químicos perigosos, processos e procedimentos para prevenir ou minimizar problemas de saúde e segurança, sendo parte integrante de um programa de segurança bem-sucedido.

O conteúdo deve ser detalhado e claro o suficiente para não parecer complicado, permitindo que tanto uma pessoa com experiência quanto um usuário com pouco conhecimento possam executar e seguir os procedimentos com segurança e eficiência. As normas de segurança concentram-se em assuntos como:

- Processos;
- Condições operacionais;
- Produtos químicos perigosos individuais;
- Classes de produtos químicos potencialmente perigosos;
- Gerenciamento e uso de produtos e equipamentos químicos;
- Desligamento de emergência;
- Usuários autorizados;

☐ Riscos de segurança e proteção específicos do laboratório, sempre com base no entorno e em fatores ambientais. (Committee On Chemical Management Toolkit Expansion, 2016, tradução nossa)

As NRs elevaram o nível de aplicação das leis sobre a segurança no trabalho em todas as áreas da atividade econômica, por orientarem sobre procedimentos obrigatórios relacionados à segurança e à saúde do trabalhador. Atualmente, toda atividade laboral deve obrigatoriamente estar amparada pelos preceitos das NRs.

1.2 Trabalho do químico

São vários os cursos de graduação que abrangem processos químicos, pois as atividades químicas estão relacionadas com: processos de transformação e identificação da matéria; produção de novos materiais que atendam às necessidades da sociedade; e manuseio de equipamentos para alcançar esses objetivos. Como indicam as diretrizes curriculares para os cursos de bacharelado e licenciatura em Química, saber atuar em ambiente laboratorial e trabalhar em equipe são competências e habilidades básicas para esse profissional (Brasil, 2002).

As atribuições legais ao exercício da profissão de químico são determinadas pela Resolução Normativa n. 36, de 25 de abril de 1974, do Conselho Federal de Química (CFQ, 1974), que reporta um conjunto de atividades que podem ser executadas por esse profissional e algumas de suas derivações, como é o caso de engenheiros químicos.

A referida resolução qualifica o profissional de química como gestor porque, sob sua responsabilidade técnica, serão exercidas diversas atividades como coordenação e orientação de equipes e consultorias. No caso de funções específicas de profissional executor, compete ao químico realizar ensaios e pesquisas, especialmente as relacionadas ao desenvolvimento de métodos e de produtos.

Os métodos a que se relacionam os serviços do químico compreendem as análises destinadas à transformação da matéria, expressas pelas alterações de características químicas e físico-químicas, químico-biológicas, análises relacionadas aos alimentos, bem como os ensaios utilizados para minimizar os impactos ambientais gerados pelos resíduos. Além das atividades analíticas, os químicos são habilitados a operar e controlar equipamentos, processos e instalações no âmbito da docência, da pesquisa e em indústrias.

As atividades do profissional de química concentram-se na transformação e na identificação da matéria, possibilitando-lhe a atuação em diferentes áreas, pois em tudo estão envolvidos diversos tipos de matéria, como água, terra, ar, e até produtos já transformados, como alimentos, bebidas, fertilizantes, entre tantos outros. O bacharelado em Química oferece ao acadêmico formação generalista, abrangendo as quatro grandes áreas da química – orgânica, inorgânica, analítica e físico-química –, cujo aprendizado se dá por meio de aulas teóricas e práticas em laboratório. Já a licenciatura em Química oferece disciplinas com caráter pedagógico para o ensino da química.

O profissional da química e de áreas afins lida com a reatividade de incontáveis compostos, levando em consideração a elaboração de novas estruturas, alterações de suas características iniciais e seu potencial toxicológico, o qual, vale ressaltar, tem proporcionado ao químico grande relevância na área ambiental. Assim tem sido por causa do incremento na industrialização mundial, cuja administração precisa se adequar às políticas de boas práticas de consumo, ao desenvolvimento sustentável e à implantação de projetos denominados *química verde*, ou *química limpa*.

No trecho citado a seguir, destacamos algumas das áreas de atuação do químico, de acordo com o Conselho Regional de Química da IV Região (CRQ-SP, 2022):

- **Abrasivos**: Envolvem processos de eletrofusão e sinterização, que trabalham a temperaturas em torno de 2000 °C, e processos de polimerização.
- **Aerossóis**: Trata-se da dispersão de partículas sólidas ou líquidas de pequenas dimensões em um meio gasoso. Nesse caso, ao profissional da química cumprem a produção e a aplicação desse sistema em produtos diversos, bem como a avaliação e a minimização de seu impacto no meio ambiente.
- **Alimentos**: Envolve processos químicos como a desidratação, o congelamento e a higienização, que foram marco no desenvolvimento e na expansão da indústria de alimentos.
- **Bebidas**: O conhecimento das possíveis reações químicas é fundamental para aprimorar a qualidade dos produtos e evitar problemas.

- **Biocombustíveis**: Para a evolução da sustentabilidade, o desenvolvimento de novas fontes de energia é indispensável.
- **Borrachas**: Vários setores produtivos usam a borracha como matéria-prima, e os profissionais da química atuam em toda a cadeia de produção desta.
- **Catalisadores**: Substâncias produzidas pelas indústrias químicas, cuja função consiste em ampliar a velocidade de uma reação, consequentemente aumentando o rendimento de inúmeros processos.
- **Celulose e papel**: Inúmeros são os processos e etapas para a obtenção de um produto final e de qualidade, os quais requerem a atuação de profissional qualificado.
- **Cerâmicas**: Processos mecânicos e químicos são empregados no beneficiamento da argila em azulejos, porcelanatos, telhas, entre outros bens de consumo.
- **Colas e adesivos**: Diferentes tipos de colas, utilizadas para diversas aplicações, também são de responsabilidade da indústria química.
- **Cosméticos**: O profissional de química atua principalmente no desenvolvimento de matérias-primas inovadoras para esse mercado tão competitivo.
- **Defensivos agrícolas**: O profissional da química atua em toda a cadeia produtiva dos defensivos agrícolas, principalmente no cuidado do controle de qualidade e do meio ambiente.
- **Essências**: Entre as transformações na matéria, a separação de misturas, obtidas a partir da extração de um óleo essencial, é uma tarefa bastante minuciosa de responsabilidade do profissional da química.

- **Explosivos**: O acompanhamento de um químico é fundamental para garantir a qualidade do produto e a segurança no processo de fabricação.
- **Farmoquímicos**: A identificação e a purificação de substâncias químicas com atividade farmacológica empregadas na produção de medicamentos requerem o conhecimento da formação técnico-científica dos profissionais da química.
- **Fertilizantes**: O trabalho dos químicos é fundamental para o desenvolvimento de compostos químicos que facilitem a absorção de nitrogênio, por exemplo.
- **Gases industriais**: O conhecimento sobre as características dos gases industriais é de extrema importância em diversos segmentos industriais.
- **Metais**: Os metais ainda ocupam lugar de destaque no cenário econômico mundial, apesar do advento do plástico, e se mostram bastante úteis para as indústrias de modo geral.
- **Meio ambiente**: O desenvolvimento sustentável deve ser o objetivo maior do profissional da química, uma vez que sua principal função é a transformação da matéria. Assim, suas ações devem ocorrer no sentido de garantir a manutenção do meio ambiente ou, em situações não controladas adequadamente, desenvolver projetos de recuperação deste.
- **Perícias judiciais**: Nessa área, os profissionais de química trabalham em prol do adequado entendimento da parte técnica de processos envolvendo produtos ou empresas do segmento químico nas áreas cível e trabalhista.

- **Petroquímica**: Os profissionais de química podem atuar na segunda e na terceira geração de processos de transformação do petróleo, gás natural e gás de xisto, para a produção de matérias-primas básicas destinadas às indústrias química e paraquímica.
- **Pilhas e baterias**: Esses dispositivos, que são produtos de reações químicas, podem converter a energia química em energia elétrica.
- **Polímeros**: Utilizados como alternativa para substituir vidros, cerâmicas, metais etc. nas indústrias automobilística, eletroeletrônica, de construção civil e farmacêutica, por apresentarem menor custo e propriedades lucrativas.
- **Prestação de serviços**: Nessa área, os profissionais de química atuam em setores importantes da economia como prestadores de consultoria técnica e ambiental, em análises laboratoriais, na limpeza e no controle de pragas, na armazenagem e no transporte de produtos químicos, bem como no ensino e na pesquisa.
- **Produtos químicos industriais**: Fornece insumos de base para a transformação de produtos químicos industriais em produtos variados, como borrachas, fertilizantes, plásticos, tecidos, tintas etc.
- **Química forense**: O conhecimento e a habilidade com equipamentos e técnicas sofisticadas permitem que os profissionais de química colaborem para a solução de crimes, detectem adulterações em produtos como alimentos, bebidas e combustíveis, além de investigar a presença de substâncias ilícitas e drogas, como ocorre no *doping* esportivo.

- **Refrigerantes**: Os profissionais da química acompanham todas as etapas de produção dessas bebidas, entre elas o controle do tratamento da água, a elaboração de análises físico-químicas dos ingredientes, o processo de lavagem dos vasilhames, o descarte dos efluentes, entre outras etapas.
- **Saneantes (produtos de limpeza)**: Em razão do grande impacto ambiental potencial de tais produtos, os químicos se dedicam continuamente à produção de produtos cada vez mais seguros, bem como ao desenvolvimento de substâncias alternativas que garantam essa segurança com qualidade e eficiência.
- **Têxtil**: O desenvolvimento de fibras inteligentes para diversos segmentos, a exemplo do esporte, fazem do químico uma peça central nas indústrias têxteis.
- **Tintas**: A formulação de tintas e vernizes, que é trabalho do químico, consiste em definir a proporção adequada de seus constituintes, de forma que os produtos sejam obtidos com as características e propriedades desejadas.
- **Transporte de produtos perigosos**: Regulamentado por legislação rigorosa, esse tipo de transporte requer cuidados rigorosos quanto à embalagem, à identificação, à classificação e à sinalização externa do veículo, entre outros.
- **Tratamento de madeiras**: Os químicos atuam na formulação de produtos que previnem infestações e combatem pragas, sendo responsáveis técnicos em empresas que trabalham com o tratamento de madeiras.

- **Tratamento de superfícies**: Refere-se ao emprego de ações, que envolvem processos químicos, capazes de aumentar a beleza, a funcionalidade ou a durabilidade de superfícies diversas.
- **Vidros**: O profissional de química atua em todas as etapas da produção desse material, desde a seleção de matérias-primas até o controle final de resíduos.

Fica evidente, portanto, que a atuação de um profissional de química, além de ocorrer desde tempos remotos, envolve uma infinidade de processos, desde a aplicação das tintas que ornamentam as casas à sustentabilidade tão almejada com a proposição de biocombustíveis. Sem o conhecimento dos processos químicos e sua evolução, a civilização moderna não teria atingido o atual estágio científico e tecnológico (CRQ-SP, 2022).

1.3 Ambiente laboratorial

O ambiente de trabalho influencia diretamente na qualidade de vida do trabalhador e em sua saúde. Embora o ambiente de um laboratório químico compreenda um setor de grande variabilidade, considerando as diversas possibilidades de aplicação a que se propõe, os cenários para os possíveis acidentes concentram-se em atividades comuns a inúmeros processos.

Figura 1.4 – Vidrarias do laboratório químico

Africa Studio/Shutterstock

As atividades desenvolvidas em um laboratório químico estão entre as principais geradoras de riscos químicos, como a produção de vapores e aerossóis, a liberação de gases por compostos voláteis e sua liberação quando acondicionados sob pressão, o derramamento de compostos ou produtos químicos de uso rotineiro em geral, como ácido e bases fortes.

Existem também os riscos físicos, provenientes do funcionamento dos equipamentos. Estes podem produzir ruídos e vibrações, em alguns tipos mais especializados de laboratórios, até mesmo com a possibilidade da geração de radiações ionizantes e não ionizantes. Habitualmente, fazem parte da rotina laboratorial equipamentos geradores de frio e calor, bem como compostos acondicionados em temperaturas extremas, pela presença de pressões anormais.

Entre as atividades regulamentadas para prevenção e promoção da saúde de qualquer trabalhador, há o Programa de Prevenção de Riscos Ambientais (PPRA), com origem na

Convenção n. 161/1985 da OIT (OIT, 1985) e criado pela Portaria n. 3.214/1978, do Ministério do Trabalho (Brasil, 1978), regido pela NR-9, da Secretaria de Segurança da Saúde do Trabalho, do Ministério do Trabalho, que passou por alterações e atualizações em 1994.

Para ser implementado, o PPRA precisa da colaboração mútua entre chefes, donos de laboratório e, principalmente, profissionais com atuação direta, pois eles conhecem bem os riscos ambientais a que estão sujeitos ao fazer seu trabalho.

Conforme a definição constante na legislação brasileira, risco ambiental, nesse caso, não tem relação com sustentabilidade ou meio ambiente, mas com agentes físicos, químicos e biológicos comuns nos ambientes de trabalho. Além disso, para serem considerados fatores de risco, obrigatoriamente, é necessária sua presença no local de trabalho em determinada concentração ou intensidade.

Frequentemente, a ocorrência ou não de acidentes em laboratórios depende da maneira como o ambiente está organizado, da obediência às recomendações de segurança, ao uso de técnicas corretas de manuseio, à estocagem e ao transporte de produtos químicos, incluindo o correto manuseio das vidrarias de laboratório. Como já afirmamos, o conhecimento e a aplicação da legislação e das técnicas ao trabalho seguro devem ser compartilhados por todos os usuários do ambiente laboratorial, por meio de treinamentos constantes voltados à habilitação dos funcionários, a fim de minimizar fontes de acidentes em potencial.

A indisponibilidade, a utilização incorreta ou o não uso de equipamentos de proteção individual e coletiva adequados ao risco do laboratório, bem como a falta da manutenção dos equipamentos, também representam fontes potenciais para a ocorrência de acidentes laboratoriais.

Importante!

O laboratório não deve ser um local de risco potencial, mas um local de trabalho seguro. Para isso, precisa ser construído de acordo com as normas de segurança individual e coletiva.

Os instrumentos, as vidrarias e os materiais de apoio devem estar em quantidade suficiente para as análises necessárias, e os compostos químicos, como ácidos, bases e compostos orgânicos, devem ser de procedência conhecida e regulamentada.

Salientamos que se trata de um ambiente que requer responsabilidade e profissionalismo. Por essa razão, deve ser estabelecido um manual de normas de conduta de trabalho e de segurança, com base nas NRs. Isso deve ser feito de acordo com a especificidade de cada tipo de laboratório, compondo um ambiente que atenda às demandas de riscos físicos, como incêndio e ruídos excessivos, e acidentes com produtos químicos em geral.

Sempre que um produto for fracionado, a rotulagem deve ser mantida de acordo com o sistema de classificação adotado universalmente. Assim deve ser feito para qualificar os agentes de risco de modo universal e estabelecer precauções para o seu manuseio por meio de símbolos de advertência, conforme estabelecido pelo Globally Harmonized System of Classification and Labelling of Chemicals (GHS), ou Sistema Globalmente Harmonizado de Classificação e Rotulagem de Produtos Químicos, em português (Unece, 2003).

O GHS, ou sistema GHS, desenvolvido e proposto pela Organização das Nações Unidas (ONU), estabelece critérios harmonizados para classificar substâncias e compostos com relação aos perigos físicos para a saúde e para o meio ambiente. Esse sistema inclui padronização sobre os riscos, com requisitos sobre a rotulagem, pictogramas e fichas de segurança, cujos critérios baseiam-se no que descreve o documento denominado *Purple Book*.

A última edição do GHS foi produzida em dezembro de 2018, pelo Comitê de Peritos no Transporte de Mercadorias Perigosas com base na última edição do *Purple Book*, com a adoção de um conjunto de emendas à sétima edição revisada do GHS, que inclui:

- novos critérios de classificação, elementos de comunicação de perigos, lógicas de decisão e orientações para produtos químicos sob pressão;
- novas disposições para a utilização de dados *in vitro/ex vivo* e métodos que não sejam de ensaio para avaliar a corrosão da pele e a irritação da pele;
- alterações diversas para esclarecer os critérios de classificação para toxicidade para órgãos alvos específicos;
- recomendações de prudência revisadas e racionalizadas e uma revisão editorial das Seções 2 e 3 do Anexo 3;

- novos exemplos de pictogramas de precaução para transmitir a declaração de precaução "Mantenha fora do alcance das crianças";
- um novo exemplo no Anexo 7 abordando a rotulagem de conjuntos ou *kits*; e
- orientação sobre a identificação de perigos de explosão de poeira e a necessidade de avaliação de risco, prevenção, mitigação e comunicação de perigo. (Unece, 2019b, tradução nossa)

A elaboração do GHS visa unificar os perigos associados aos produtos químicos de forma globalizada e assegurar que as informações sejam de fácil acesso e claramente transmitidas aos trabalhadores e usuários de laboratórios; a proposta é ter critérios unificados independentemente de local, idioma ou procedência do produto, objetivando a segurança do manipulador, do transportador e do meio ambiente. As informações pertinentes são expressas na rotulagem, incluindo elementos de fácil compreensão, como a presença de pictogramas, palavras de advertência, informações sobre perigo e as precauções a serem tomadas, além da obrigatoriedade do acompanhamento da ficha de informações de segurança de produtos químicos, também conhecida como *Ficha de Segurança de Produtos Químicos* (FISPQ), ou, simplesmente, *ficha com dados de segurança*.

A exigência do uso da FISPQ, bem como dos critérios de classificação e rotulagem de acordo com o GHS, foi determinada pela Portaria n. 229, de 24 de maio de 2011 (Brasil, 2011c), do Ministério do Trabalho e Emprego, que alterou a Norma Regulamentadora 26. Essa portaria dispõe sobre esses usos de acordo com o sistema, seguindo o modelo estabelecido pela norma técnica oficial vigente que, atualmente, no Brasil, é definido pela Norma Brasileira NBR 14.725, da Associação Brasileira de Normas Técnicas (ABNT, 2014).

Ressaltamos que todas essas medidas descritas têm caráter preventivo e que a área da química e suas correlatas compreendem setores em constante desenvolvimento, capazes de promover inúmeros benefícios ao homem na saúde, na alimentação, no vestuário e no lazer.

Toda profissão está exposta a riscos, razão por que a responsabilidade e a atenção ao manipular reagentes químicos devem ser preocupação de todos e ocorrer de forma adequada, com todos os cuidados de proteção individual e coletiva.

1.4 *Layout* de um laboratório seguro

O projeto estrutural de um laboratório químico é fundamental para garantir a segurança de todos que frequentam o ambiente porque, com base nele, muitos itens de segurança serão instalados ou adaptados ao ambiente laboratorial.

1.4.1. Edificação

A edificação deve ser localizada o mais próximo possível do setor de produção para facilitar o fluxo de materiais e resultados e garantir que o ambiente esteja preparado para as atividades ali propostas. Em especial, deve-se ter o máximo cuidado com os tipos de pisos, paredes, teto, portas, janelas e sala de armazenagem de reagentes (CRQ-SP, 2012).

Os cuidados com o piso devem garantir uma boa circulação de pessoas, sem barreiras, como depressões ou saliências, que atrapalhem a circulação. Deve ser composto com material que não favoreça a propagação de chamas e que seja impermeável, resistente, tanto química quanto mecanicamente, frio, fosco e de fácil limpeza (CRQ-SP, 2012). Também deve conter o mínimo de juntas possível e não deve sofrer ataques dos reagentes utilizados nas análises.

As paredes devem ser impermeáveis, claras, foscas, de fácil limpeza e não devem proporcionar espalhamento rápido de fogo. Os revestimentos devem ser usados apenas em áreas específicas de lavagem de vidrarias. Caso seja necessária a utilização de divisórias de fórmica, é preciso ter cuidado com os equipamentos que serão colocados próximos e com as instalações elétricas, sendo também importante que a parte superior das divisórias seja de vidro (CRQ-SP, 2012).

A NR-8, no item 8.4.1, determina que:

> 8.4.1 As partes externas, bem como todas as que separem unidades autônomas de uma edificação, ainda que não acompanhem sua estrutura, devem, obrigatoriamente, observar as normas técnicas oficiais relativas à resistência ao fogo, isolamento térmico, isolamento e condicionamento acústico, resistência estrutural e impermeabilidade. (Brasil, 2011b)

De acordo com o Guia de laboratório para o ensino de química (CRQ-SP, 2012), o teto deve atender às necessidades do laboratório a fim de facilitar a passagem de tubulações e a instalação de luminárias e grelhas, além de proporcionar isolamento térmico, acústico e estático. Ainda, não pode favorecer o acúmulo de sujeiras.

Com relação às portas e janelas, a NR-23 (2011a), estabelece que as saídas de emergência devem proporcionar segurança contra incêndios e garantir a saída segura de todos do laboratório caso haja necessidade de evacuação do local. O número de portas dependerá do tamanho do laboratório e as janelas devem garantir uma ventilação que permita a troca contínua do ar fornecido ao laboratório para evitar sua saturação por substâncias com cheiro forte e/ou tóxicas no transcorrer da jornada de trabalho.

A iluminação deve ser proporcional ao tamanho do local, com algum sistema de controle de entrada dos raios solares, porém sem impedir a entrada de luminosidade. Além disso, nunca devem ser instaladas cortinas ou persianas de material combustível.

1.4.2 Sistema de exaustão

Todo laboratório necessita de um sistema de exaustão projetado de acordo com as atividades executadas no local, incluindo a presença de capelas, destinadas a risco químico ou biológico, coifas, ar-condicionado e exaustores. Todos esses equipamentos devem apresentar procedimentos operacionais padrão para seu uso e registro de manutenção, que deve ser periódica, a fim de garantir a eficiência das instalações, uma vez que muitos desses equipamentos utilizam filtros que precisam ser controlados e trocados periodicamente.

Capelas de exaustão

As capelas de exaustão são equipamentos de proteção coletiva, pois permitem a execução de experimentos, ou a abertura de frascos de reagentes, que geram gases ou vapores tóxicos sem contaminar o ar do laboratório. Sua utilização é obrigatória, portanto, para o manuseio de substâncias que liberem gases ou vapores tóxicos de compostos corrosivos e de substâncias com potencial flogístico* ou explosivo, bem como de agentes biológicos patogênicos, passíveis de disseminação aérea.

Ao escolher uma capela de exaustão, é preciso se certificar de que o material de sua composição: seja quimicamente resistente; sua capacidade de exaustão de gases e vapores tenha, ao menos, dois pontos de captação – um inferior, ao nível do tampo, e um superior, ao nível do teto; e apresente potência suficiente para promover exaustão dos gases e vapores produzidos quando ocorrer a manipulação de solventes voláteis ou produtores de gases irritantes, a exemplo do ácido clorídrico, do ácido sulfúrico e do ácido acético.

Todos os componentes necessários para a operacionalização da capela – ou seja, iluminação, gás, vácuo, ar comprimido, instalações elétricas e hidráulicas –, exceto a exaustão, devem apresentar dispositivos de manuseio do lado externo, a fim de evitar a abertura da janela para ligá-los ou desligá-los. A capela de exaustão deve apresentar janelas de vidro de segurança (temperado) do tipo corrediço, ou "guilhotina", a fim de evitar respingos.

---

* *Flogístico* é um "fluido particular que, antes da teoria de Lavoisier, se supôs inerente aos corpos para explicar a combustão" (Flogístico, 2022).

Figura 1.5 – Capela de exaustão

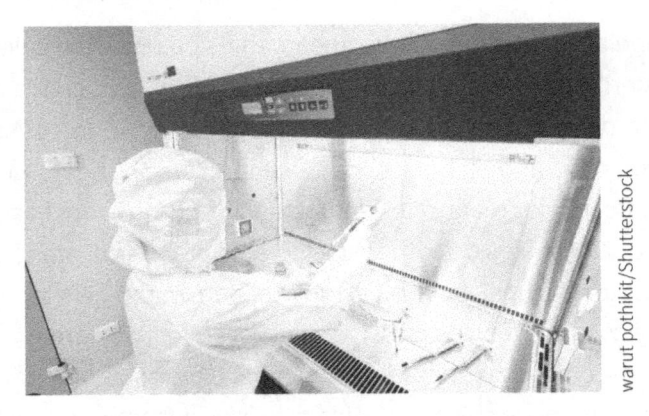

A instalação desse equipamento deve garantir que as coifas sejam equipamentos para a captação de vapores, névoas, fumos e pós dispersos no ambiente. A instalação de coifas ou capelas deve ser convenientemente situada para assegurar que as operações perigosas não sejam desenvolvidas em bancadas abertas.

A escolha para o local de instalação desses dispositivos também é de extrema importância, pois eles devem estar isolados do movimento intenso do laboratório para minimizar o arraste de contaminantes e irritantes pelo deslocamento de ar causado pelo vai e vem da rotina diária. Por questões de segurança, portas e saídas de emergência também devem estar localizadas longe da capela de exaustão a fim de que não dificulte a evacuação do laboratório, caso seja necessário.

Manutenção e testes das capelas

Como já declaramos, a segurança está relacionada à qualidade de trabalho; portanto, a manutenção dos equipamentos é imprescindível para garantir essa qualidade aos trabalhadores. A manutenção das capelas de exaustão é feita por meio da análise da sua capacidade de desempenho. Todas as análises relacionadas à manutenção devem ocorrer de forma regular, pelo menos uma vez por ano, com registro próprio para acompanhamento.

O desempenho das capelas de exaustão é mensurado pela eficiência da velocidade do ar de arraste, o qual deve ter de 0,4 a 0,5 ms^{-1}; o ruído de funcionamento deve ser mantido em 85 decibéis, para uma exposição diária máxima de 8 h; sua estrutura não deve apresentar sinais de corrosão que permitam o vazamento do ar de arraste; e o sistema de iluminação deve estar em perfeito estado de funcionamento, bem como as janelas e roldanas dos contrapesos. Com frequência, a limpeza dos dutos deve ser feita para o adequado funcionamento do sistema de exaustão.

O bom funcionamento de todos os equipamentos – seja uma balança laboratorial, seja uma capela de exaustão – depende, também, da forma como são utilizados, razão por que boas práticas para o uso, a limpeza e a manutenção desses equipamentos devem ser padronizadas e adotadas por todos os usuários em potencial. Para o bom funcionamento e a boa manutenção da capacidade filtrante da capela, por exemplo, é preciso evitar a obstrução do sistema de circulação de ar por vidrarias, equipamentos, frascos ou qualquer outro objeto. A organização do trabalho interno também deve ser considerada, pois equipamentos de grandes dimensões podem deslocar o fluxo de ar de forma significativa e reduzir seu desempenho.

A capela de exaustão não pode ser um local de armazenamento, mesmo que ocasional, de substâncias que emitam continuamente contaminantes tóxicos, sob o risco de que os vapores provenientes destes saturem o laboratório em caso de não funcionamento do sistema de exaustão.

O sistema de exaustão deve ser planejado para que gases e fumaças não sejam direcionados para janelas de setores administrativos ou para a captação de ar do ar-condicionado do laboratório, quando houver.

1.4.3 Sala quente

Salas, ou áreas, quentes são espaços destinados para o acondicionamento de equipamentos geradores de calor, como fornos, muflas, estufas e maçaricos. A temperatura elevada proporciona um risco em potencial, especialmente quando há um acondicionamento inadequado de substâncias químicas com capacidade de inflamabilidade, combustão ou explosão. Além disso, a variação da temperatura para padrões elevados da temperatura ambiente normal pode descalibrar equipamentos, vidrarias e, até mesmo, interferir em resultados experimentais.

Dessa forma, esse ambiente deve ser reservado apenas para esse tipo de equipamento que produz calor, e os operadores devem ser continuamente alertados sobre o alto risco de acidentes e orientados a não manusear produtos inflamáveis nessas áreas.

Em laboratórios acadêmicos, é comum haver bicos de Bunsen distribuídos ao longo da bancada, estendendo-se a área quente por toda a instalação. Dependendo do trabalho realizado, esse tipo de procedimento amplia o risco de acidentes, pois o equipamento produtor de calor não fica delimitado a uma área em específico, mas a todo o laboratório.

1.4.4 Sala de armazenamento de reagentes voláteis

A sala de armazenagem de reagentes é destinada a um conjunto de classes de produtos químicos – compostos com caraterística volátil, tóxicos, corrosivos, inflamáveis, explosivos e peroxidáveis. Esse espaço deve ser amplo, bem ventilado, preferencialmente com exaustão, com prateleiras largas e seguras e instalações elétricas à prova de explosões.

Para líquidos inflamáveis de pontos de fulgor abaixo de 36 °C, o refrigerador, ou câmara de refrigeração, deverá ser à prova de explosões, ou seja, sem a possibilidade de produção de faíscas elétricas na parte interna (CRQ-SP, 2012).

1.5 Projetos elétrico e hidráulico

As instalações elétricas devem obedecer às normas de segurança e atender ao estabelecido em normas específicas, como a NR-10 (Brasil, 2019). Conforme a norma, o projeto deve ser elaborado "considerando[-se] o espaço seguro quanto ao dimensionamento e à localização dos seus componentes e também as influências externas, quando da operação e da realização de serviços de construção e manutenção" (CRQ-SP, 2012, p. 5-6).

De acordo com o CRQ-SP (2012), as instalações elétricas e hidráulicas de laboratórios químicos devem ser externas às paredes para facilitar os serviços de manutenção, sempre que possível. Os circuitos elétricos devem receber todo cuidado com relação à umidade e aos agentes corrosivos, bem como ser dimensionados de acordo com as necessidades dos equipamentos que serão utilizados no laboratório. Nesse sentido, também é fundamental que o quadro de energia esteja instalado em local de fácil acesso e dotado de sistema que permita a rápida interrupção de energia em casos de emergência, com circuitos independentes e disjuntores identificados para cada local.

É essencial que toda a instalação elétrica do laboratório contenha sistema de aterramento para evitar choques em aparelhos; além disso, a voltagem das tomadas deve ser diferenciada e identificada como 110 V e 220 V.

Em locais onde se manipulam produtos explosivos ou inflamáveis, os cuidados devem ser redobrados. Equipamentos mais sensíveis devem ser instalados com estabilizador ou *no break*.

Com relação à iluminação, a NR-17 (Brasil, 2021) e a NHO 11 (Fundacentro, 2018), que tratam das condições ambientais de trabalho, estabelecem como níveis mínimos necessários para iluminação a faixa de intensidade de 500 a 1000 lux com luz branca natural, devendo ser evitada a incidência de reflexos ou focos de luz nas áreas de trabalho. As luminárias devem ser embutidas no forro e as lâmpadas devem ter proteção para evitar queda sobre a bancada ou o piso do laboratório. É necessário iluminação de emergência e testes periódicos segundo o plano de manutenção.

A parte hidráulica deve ser projetada de acordo com a necessidade de distribuição interna da água e o escoamento dos efluentes diluídos. Por motivos óbvios, a tubulação destinada ao escoamento do esgoto deve ser elaborada em material inerte, ou seja, sem a capacidade de reagir, e resistente. Deve haver válvulas de bloqueio rápido em toda a rede de água. Todas as cubas de lavagem de material devem ser projetadas em tamanho adequado para todo tipo de vidraria e ser resistentes aos reagentes químicos. Os resíduos tóxicos não devem ser descartados diretamente no esgoto, mas ser tratados e descartados de acordo com as normas de descarte de produtos químicos (CRQ-SP, 2012).

Dentro do laboratório químico, há a necessidade de alguns equipamentos de segurança primordiais para o uso coletivo, entre os quais destacamos o chuveiro de emergência, o lava-olhos, as mantas e os extintores, os quais devem ficar acondicionados em local de fácil acesso e visualização de todos que trabalham no laboratório (Cienfuegos, 2001).

Síntese

Neste capítulo, citamos as principais normas que envolvem a segurança em laboratórios químicos e suas áreas externas. Também mencionamos as atividades desenvolvidas pelo profissional de química, que pode atuar tanto em ambientes industriais quanto em trabalhos de campo e áreas acadêmicas.

Tratamos dos diferentes tipos de laboratórios existentes e os riscos envolvidos com cada um deles. Comentamos, em acréscimo, as características estruturais de um laboratório, especificando noções do projeto hidráulico e elétrico que visam garantir total funcionamento e segurança deste.

Atividades de autoavaliação

1. Assinale a alternativa correta sobre segurança no trabalho:
   a) A saúde do trabalhador é um tema recente, pois somente depois da revolução industrial é que se deu importância a isso.
   b) A saúde do trabalhador só tomou a importância atual devido à inclusão das mulheres no cenário industrial.

c) No Brasil, a preocupação com a saúde do trabalhador só ocorreu após a aprovação da CLT em 1943.
d) A saúde do trabalhador se confunde com a história do homem e sua evolução, pois sempre que algo novo era incluído na rotina poderia gerar um risco em potencial.
e) A segurança no trabalho e a saúde do trabalhador são de responsabilidade exclusiva do empregador.

2. Vários cursos de graduação usam a química ou os processos químicos no conjunto de suas de atividades. Sobre as atividades do químico, assinale a alternativa correta:
   a) As atividades químicas estão relacionadas aos processos de transformação e de identificação da matéria, à produção de novos materiais que atendam às necessidades da sociedade e ao manuseio de equipamentos.
   b) As atividades reportadas na Resolução Normativa n. 36, de 25 de abril de 1974, do Conselho Federal de Química (CFQ), são descritas como exclusivas do bacharel em química.
   c) Os químicos não podem atuar nas indústrias de cosméticos e de saneantes.
   d) O profissional graduado em química pode atuar apenas como docente do ensino fundamental.
   e) Não compete ao químico a atuação em indústrias alimentícias e de bebidas, porque esse setor é exclusivo para nutricionistas e engenheiros de alimentos.

3. O ambiente do laboratório químico compreende um setor de grande variabilidade e exerce forte impacto na qualidade de vida do trabalhador. Assinale a alternativa correta com relação à segurança do trabalho no laboratório químico:
   a) Para que o ambiente laboratorial seja seguro, é preciso implementar o Programa de Prevenção de Riscos Ambientais (PPRA), regido pela NR-9, de forma mútua entre empregados e empregadores.
   b) Para que o ambiente laboratorial seja seguro, nenhuma atitude relacionada com o risco ambiental é importante, pois este está relacionado com contaminação da natureza.
   c) Não há relação entre ambiente seguro no laboratório e sua edificação, pois facilmente se pode fazer uma reforma em qualquer sala para que ela sirva como laboratório.
   d) Se o profissional que vai trabalhar no laboratório é um químico formado, ele pode isentar-se da utilização de EPIs por seu conhecimento aprimorado durante a graduação.
   e) O único ambiente laboratorial capaz de apresentar riscos à saúde do trabalhador é o laboratório microbiológico, pela possibilidade de se adquirir o patógeno que está sendo manuseado.

4. A estruturação de um laboratório químico depende de diversos itens importantes para a garantia da segurança. Assinale a alternativa correta para considerar um ambiente seguro de acordo com a NR-8:
   a) O piso do laboratório pode ser de madeira, desde que seja de fácil limpeza.

b) A sala de armazenagem de reagentes para produtos voláteis, tóxicos, corrosivos, inflamáveis, explosivos e peroxidáveis deve apresentar armários fechados e trancados.

c) O teto deve ter rebaixamento de gesso e as luminárias devem ficar embutidas nessa estrutura assim como a tubulação, a fim de atender às necessidades estéticas da edificação.

d) As portas devem oferecer segurança contra roubos, sendo necessária apenas uma, que deve ser estreita e permanecer sempre trancada.

e) As paredes, segundo a NR-8, devem ser impermeáveis, claras, foscas, de fácil limpeza e não provocar espalhamento rápido de fogo.

5. Assinale a alternativa com as características corretas sobre a execução de instalações elétricas e hidráulicas que mantenham o ambiente seguro:

a) As instalações elétricas e hidráulicas do laboratório não devem ser embutidas, mas ficar aparentes, externas às paredes e forros, a fim de facilitar os serviços de manutenção necessários.

b) As instalações elétricas do laboratório devem apresentar sistema de aterramento para evitar choques e as voltagens das tomadas devem ser diferenciadas e identificadas.

c) O quadro de energia deve estar em local de fácil acesso e dotado de sistema que permita uma rápida interrupção de energia em casos de emergência.

d) São necessários iluminação de emergência e testes periódicos, segundo o plano de manutenção.
e) Todas as alternativas anteriores estão corretas.

Atividades de aprendizagem

Questões para reflexão

1. Antes de iniciar uma atividade em laboratório, elabore um esboço de forma a evitar os principais riscos que a estrutura pode oferecer ao operador.

2. Imagine que você será o responsável pela estruturação do *layout* do laboratório em que vai atuar. Delimite as normas estruturais indispensáveis para que o laboratório atenda às normas estruturais básicas para as atividades a que se propõe com segurança.

Atividade aplicada: prática

1. Pesquise no laboratório em que você trabalha ou estuda se o *layout*, de modo geral, atende às normas de segurança e faça um esboço dele para avaliar as saídas de segurança.

Capítulo 2

Proteção contra riscos no laboratório

Um analista químico deve ter consciência de que a segurança no ambiente laboratorial é uma atividade conjunta e contínua. Além da organização, é essencial saber seu papel no comprometimento com o autocuidado. Por essa razão, neste capítulo, apresentaremos as características e a finalidade dos equipamentos de proteção individual (EPIs) e dos equipamentos de proteção coletiva (EPCs), especificando os principais tipos e as diferenças entre os EPIs, além dos principais EPCs.

Abordaremos os riscos a que usuários de um laboratório estão expostos e quais atitudes devem ser tomadas caso um risco se torne um acidente em potencial, em especial os riscos químicos e de incêndio.

Ademais, comentaremos as principais classes de incêndios e a maneira adequada de atuação em cada situação, assim como em situações de acidentes com produtos químicos variados.

2.1 Equipamento de proteção individual

Como o nome estabelece, os *equipamentos de proteção individual* (EPIs) compreendem dispositivos variados para uso pessoal, com a finalidade de promover proteção da saúde e da integridade física do trabalhador. O uso de EPIs no Brasil é regulamentado pelo Ministério do Trabalho, com base na Norma Regulamentadora (NR) 6, criada pela Portaria n. 3.214, de 8 de junho de 1978 (Brasil, 1978), e suas alterações (Brasil, 2022a).

Figura 2.1 – Indicação da obrigatoriedade do uso de EPIs

Eduardo Y/Shutterstock

Os EPIs visam garantir a segurança necessária no manuseio dos mais variados reagentes e produtos dentro de diversos modelos de laboratórios, entre eles, o laboratório químico.

Ressaltamos que o uso de EPIs pelo trabalhador não é opcional, razão pela qual, além de exigir o uso, a empresa deve oferecer a capacitação em educação continuada para o uso correto desses equipamentos. Caso o funcionário se negue a utilizar o EPI, o empregador poderá exigir a assinatura dele em documento no qual dará ciência e especificará detalhadamente os riscos aos quais o trabalhador estará exposto.

Os principais EPIs são aventais, sapatos de segurança, luvas, protetor facial, óculos de segurança, máscaras ou respiradores. A seguir, detalharemos sobre cada um deles.

Os **EPIs descartáveis**, ou seja, de uso único e individual, devem ser prontamente eliminados após a utilização; já os reutilizáveis devem ser adequadamente higienizados e acondicionados a fim de ampliar sua vida útil. Os empregadores devem disponibilizar bons EPIs, regulamentados e aprovados de acordo com as normas especificadas pelas entidades oficiais, como Associação Brasileira de Normas Técnicas (ABNT), Instituto Nacional de Metrologia, Qualidade e Tecnologia (Inmetro) e Agência Nacional de Vigilância Sanitária (Anvisa), pois devem ser confortáveis, atóxicos e eficientes no que diz respeito à proteção.

Entre os EPIs descartáveis, estão as máscaras de proteção, as luvas descartáveis, os protetores de pé (conhecidos como *propé*), as toucas de TNT e os macacões utilizados em ambiente hospitalar ou laboratorial. Obviamente, há grande variabilidade em cada categoria encontrada no mercado. Na categoria *luva descartável*, por exemplo, os itens são produzidos com materiais diversos, dependendo de sua aplicação.

Os **EPIs reutilizáveis** compreendem, comumente, os respiradores com filtro acoplado, os quais apresentam uma vida útil maior.

O avental, ou jaleco, e os sapatos de segurança garantem a proteção de tronco, braços e parte das pernas contra derramamentos de produtos químicos e respingos. Os aventais devem ser de algodão, com mangas compridas, usados sempre fechados e nunca diretamente sobre o corpo. Seu uso é obrigatório durante todo procedimento em ambiente laboratorial e não deve ocorrer fora desse local. Caso seja exposto a potencial risco biológico, não deve ser misturado ou guardado com objetos pessoais, devendo ser descontaminado antes da lavagem.

As luvas protegem o trabalhador de riscos biológicos, químicos e físicos. Podem ser confeccionadas com borracha natural, ou látex, com ou sem talco – no entanto, muitas vezes elas causam alergia em alguns operadores. Outras opções são as luvas de neoprene, PVC, PVA, ou as luvas de borracha de butadieno, ou nitrílicas. Seja qual for o material para confecção das luvas, ele deve ser resistente, permeável e maleável o suficiente para acompanhar a anatomia das mãos. As luvas nitrílicas oferecem segurança para manuseio de produtos químicos, e as térmicas favorecem o manuseio de produtos aquecidos.

No Quadro 2.1, citamos alguns exemplos da especificação do tipo de luva a ser utilizada de acordo com a substância química manuseada.

Quadro 2.1 – Especificidade de luvas conforme substância a ser manipulada

Substância	Borracha natural	Neoprene	PVC	PVA	Nitrílicas
Acetaldeído	E	E	NR	NR	NR
Ácido acético	E	E	NR	NR	B
Acetona	E	B	NR	NR	NR
Benzeno	NR	NR	NR	E	NR
Butanol	E	E	NR	NR	E
Dissulfeto de carbono	NR	NR	NR	E	B
Tetracloreto de carbono	NR	NR	NR	E	B
Clorofórmio	NR	NR	NR	E	B
Formaldeído	E	E	E	NR	E

(continua)

(Quadro 2.1 – conclusão)

Substância	Borracha natural	Neoprene	PVC	PVA	Nitrílicas
Ácido clorídrico	B	E	E	NR	E
Metilcetona	B	NR	NR	NR	NR
Fenol	E	E	B	B	NR
Tolueno	NR	NR	NR	B	NR
Xileno	NR	NR	NR	E	B

Nota: E = Excelente, B = Bom, NR = Não recomendado.
Fonte: Elaborado com base em Gonçalves; Gonçalves; Gonçalves, 2018; Fiocruz, 2022.

O protetor facial, como o nome já define, serve para a proteção do rosto do operador, cuja fixação é feita por uma cinta ao redor da cabeça. Deve ser confeccionado com material transparente que possibilite visão completa e sem distorções. Sua finalidade é proteger de contaminações por substâncias em estado líquido que podem ser borrifadas, como os aerossóis.

Óculos de segurança possibilitam a proteção do operador de substâncias que possam causar irritação aos olhos, bem como de substâncias que possam ser espirradas, sendo possíveis causadoras de lesão química ou biológica. Para tanto, os óculos devem ser confeccionados em material resistente e com transparência que permita o desenvolvimento das atividades sem interferência ou distorção das imagens. Já para a proteção contra a radiação, os óculos podem ser confeccionados de material firme e resistente com filtro específico para o comprimento de onda utilizado, podendo ter ou não vedação lateral e hastes ajustáveis.

As máscaras, ou respiradores, podem ser confeccionadas em diversos modelos e com diferentes materiais, como propionato, acetato, policarbonato, entre outros. Servem para proteção respiratória, de respingos, de estilhaços e de micro-organismos. Sem dúvida, a proteção respiratória é uma das principais preocupações universais de segurança, objetivando reduzir a exposição da pele, das mucosas e das membranas do trabalhador a vários agentes de risco de natureza variada.

A efetividade da proteção respiratória está relacionada a um conjunto de variáveis dependentes do risco a que o operador será exposto antes de se determinar o modelo e o material com que é confeccionado. A proteção respiratória deve levar em consideração se o risco é somente químico ou também biológico, bem como suas propriedades físicas, principalmente com relação ao tamanho das partículas e à concentração ou saturação do ambiente com o agente. Além das características do agente, é preciso saber a capacidade de permeação de oxigênio do material com o qual o equipamento é confeccionado, os perigos do agente de risco e da geração de lixo para o meio ambiente em razão do descarte do material.

Estabelecer critérios para a padronização da aquisição de protetores respiratórios, treinar os empregados e elaborar procedimentos operacionais padrão são ações previstas na legislação brasileira que devem ser seguidas por empregadores e empregados.

2.1.1 Tipos de respiradores

Os respiradores, também denominados *peças semifaciais filtrantes* (PFFs), de acordo com a NBR 12.543 da ABNT, são equipamentos, ou peças, capazes de cobrir nariz, boca e queixo, tendo em sua constituição, total ou parcialmente, material filtrante (ABNT, 2017b). Ainda de acordo com a ABNT, a NBR 13.698 apresenta as especificações para equipamentos de proteção respiratória do tipo purificador de ar não motorizado (ABNT, 2011).

As PFFs são classificadas com base em ensaio que as submete a aerossóis com solução de cloreto de sódio, com base na capacidade do material de absorver as partículas sólidas e líquidas solubilizadas em água, ou de acordo com sua capacidade de reter substâncias sólidas e líquidas solubilizadas em base oleosa, ou qualquer outro líquido que não água (óleo de parafina ou de dioctil ftalato).

Elas são classificadas em S (resistentes a aerossóis à base de água, capazes de reter partículas sólidas e líquidas à base de água) ou SL (resistentes a aerossóis à base de água e oleosos, capazes de reter partículas sólidas e líquidas à base de água e oleosas), respectivamente.

Essas peças também são classificadas de acordo com o nível de penetração de aerossóis e de resistência à respiração, como PFF1, PFF2 e PFF3. A escala 1, 2 e 3 classifica os respiradores de acordo com a eficiência mínima de capacidade filtrante, conforme a seguinte classificação:

- PFF 1: apresentam eficiência mínima de 80%, ou seja, permitem a penetração de apenas 20%.
- PFF 2: apresentam eficiência mínima de 94%, ou seja, permitem a penetração máxima de 6%.
- PFF 3: apresentam eficiência mínima de 99%, ou seja, permitem a penetração máxima de 1%.

A NBR 12.543 (ABNT, 2017b) avalia a qualidade das PFFs com base nessas análises:

- O material para a confecção das PFFs deve suportar o manuseio pelo tempo que foi projetado para suportar; as partes que entram em contato com a pele do indivíduo não devem ser fonte de irritação e seu acabamento deve ser suave, livre de rebarbas e cantos agudos.
- As partes desmontáveis devem ser de fácil manuseio.
- A resistência à vibração é verificada por meio de ensaio relacionado ao processo de transporte e manuseio, em que as PFFs não podem apresentar defeitos mecânicos e devem satisfazer os requisitos de penetração através do filtro.
- A resistência à temperatura deve ser verificada por meio de ensaio que submete a PFF ao ciclo térmico descrito no Quadro 2.2, depois do qual ela não poderá apresentar colapso.

Quadro 2.2 – Ciclo térmico para garantir resistência dos respiradores à temperatura

Atmosfera seca (UR < 25 %) em (70 ± 3) °C, por 24 horas
Retornar à temperatura ambiente por, no mínimo, 4 horas
Temperatura de (– 30 ± 3) °C por 24 horas
Retornar à temperatura ambiente por, no mínimo, 4 horas

Fonte: Elaborado com base em ABNT, 2011, p. 8.

1. O processo de respiração efetuada pelo uso do operador é simulado e submete a PFF a ambiente com ar a 37 °C e saturado de umidade.
2. A resistência à respiração é verificada conforme a Tabela 2.1, a seguir.

Tabela 2.1 – Parâmetros para análise da resistência a respiração

Classe	Máxima resistência permitida Pa		
	Inalação		Exalação
	Fluxo de ar contínuo de 30 L/min	Fluxo de ar contínuo de 95 L/min	Fluxo de ar contínuo de 160 L/min[a]
PFF 1	60	210	300
PFF 2	70	240	300
PFF 3	100	300	300
Nota: 1Pa = 0,01 mbar = 0,1 mmca.			
[a] Ou 25 ciclos/min e 2 L/ciclo com máquina simuladora de respiração.			

Fonte: ABNT, 2011, p. 4.

3. A capacidade da penetração dos aerossóis através da PFF é analisada em situação controlada, conforme a Tabela 2.2.

Tabela 2.2 – Parâmetros utilizados para avaliar a capacidade de penetração através do filtro

Classe do filtro	Penetração máxima do aerossol de ensaio %	
	Ensaio com cloreto de sódio com fluxo contínuo de ar de 95 L/min	Ensaio com óleo de parafina ou DOP com fluxo contínuo de ar de 95 L/min
PFF 1	20	20
PFF 2	6	6
PFF 3	1	1

Fonte: ABNT, 2011, p. 4.

4. As válvulas de exalação, quando existentes, devem funcionar de modo correto, independentemente de sua posição.
5. O conteúdo de CO_2 no ar inalado não deve exceder o valor médio de 1 % (em volume).
6. A garantia de ausência de risco de inflamabilidade do material para o usuário deve ser apresentada pelo fabricante.
7. Os tirantes, alças para a fixação da PFF ao rosto do usuário, devem permitir a colocação e a retirada com facilidade, mantendo-a firme e confortável durante todo o período do uso pretendido.

Além das PFFs, existem os **respiradores de adução de ar**, cuja fonte de ar é externa ao ambiente de trabalho. Nessa categoria estão os respiradores de ar natural, os respiradores de linha de ar comprimido com cilindro auxiliar para fuga, os respiradores de linha de ar comprimido etc.

Os **purificadores de ar**, por sua vez, funcionam por meio de filtros específicos, que filtram o ar do ambiente removendo gases, vapores, aerossóis ou a combinação destes. Podem ser mecânicos, químicos ou uma combinação de ambos.

2.2 Equipamento de proteção coletiva

Os equipamentos de proteção coletiva (EPCs) são muito importantes em um laboratório químico, pois garantem a proteção não apenas do indivíduo que manuseia o produto químico, mas também dos demais integrantes da equipe de trabalho, além dos integrantes da equipe de limpeza.

Os principais EPCs são (Espírito Santo, 2019):

- **Chuveiro de emergência e lava-olhos**: Auxiliam na remoção de produtos químicos provenientes de derramamentos no corpo e respingos na face e nos olhos, além de ajudar no controle de chama, caso o avental ou a roupa tenha contato com o fogo. Devem estar localizados de forma que facilite seu uso, e seu acionamento pode ocorrer por meio de alavancas ou pedais.
- **Capela de segurança química**: Destinada ao manuseio seguro de produtos químicos perigosos, que liberam vapores ou que têm fácil reação com outras substâncias. Esse espaço

não deve servir para acondicionamento de vários compostos, somente o que está sendo utilizado no momento. O operador não pode, em hipótese alguma, dirigir a cabeça para dentro da capela quando estiver manuseando o composto químico. O equipamento deve ser desligado de 10 a 15 minutos após a sua utilização.

- **Extintores de incêndio**: Atuam no combate a qualquer princípio de incêndio. De acordo com a classificação a seguir, há diferentes tipos de extintores para o combate de incêndios específicos, conhecimento que é essencial para a segurança do trabalho laboratorial:

- Classe A: incêndios em madeiras, papéis e tecidos, que são considerados materiais fibrosos.
- Classe B: incêndios em líquidos e gases considerados inflamáveis, a gasolina e o etanol.
- Classe C: incêndios em motores, cabos e demais equipamentos elétricos.
- Classe D: incêndios envolvendo magnésio, potássio, zinco, entre outros metais combustíveis.

- **Salas especiais**: De acordo com as necessidades de trabalho de cada laboratório, podem ser salas com isolamento acústico, biológico, entre outras.

2.3 Risco

Risco é a possibilidade de acontecer um acidente ou uma doença profissional. Um laboratório apresenta diversos riscos, alguns difíceis de serem previstos. Para minimizar os acidentes, portanto, é crucial seguir as normas e as boas práticas a fim de diminuir a probabilidade da geração do risco.

Para trabalhar com segurança em laboratórios químicos, biológicos, entre outros, é necessário conhecer e saber diferenciar certos conceitos, incluindo o de risco.

Existe uma confusão comum entre risco e perigo porque, muitas vezes, eles são usados como sinônimos; no entanto, tratam-se de condições diferentes.

Vale delimitar tal distinção. Risco refere-se a uma situação de provável ocorrência, ou seja, pode ou não ocorrer, provocando ou não consequências; já perigo corresponde a uma situação com potencial de causar algum tipo de lesão, dano ou até mesmo morte (Vieira; Santos; Martins, 2008).

Uma boa explanação sobre os diversos tipos de riscos a que um trabalhador está exposto, incluindo os profissionais que atuam em laboratórios químicos, é encontrada na NR-9, aprovada pela Portaria do Ministério do Trabalho n. 3.214/1978, que trata do Programa de Prevenção de Riscos Ambientais.

Sobre as variações dos tipos de riscos, a Portaria n. 25, de 29 de dezembro de 1994, da Secretaria de Segurança e Saúde no Trabalho, que aprova a NR-9, estabelece:

> 9.1.5 – Para efeito desta NR, consideram-se riscos ambientais os agentes físicos, químicos e biológicos existentes nos ambientes de trabalho que, em função de sua natureza, concentração ou

intensidade e tempo de exposição, são capazes de causar danos à saúde do trabalhador.

9.1.5.1 – Consideram-se agentes físicos as diversas formas de energia a que possam estar expostos os trabalhadores, tais como ruído, vibrações, pressões anormais, temperaturas extremas, radiações ionizantes, radiações não ionizantes, bem como o infrassom e o ultrassom.

9.1.5.2 – Consideram-se agentes químicos as substâncias, compostos ou produtos que possam penetrar no organismo pela via respiratória, nas formas de poeiras, fumos, névoas, neblinas, gases ou vapores, ou que, pela natureza da atividade de exposição, possam ter contato ou ser absorvido pelo organismo através da pele ou por ingestão.

9.1.5.3 – Consideram-se agentes biológicos as bactérias, fungos, bacilos, parasitas, protozoários, vírus, entre outros.

Importante destacarmos que essas normas são atualizadas constantemente por meio de portarias que trazem novas redações à Portaria n. 3.214/1978*. As atualizações da NR-9, por exemplo, ocorreram em 1994, 2014, 2016, 2017, 2019, 2020 e 2021. Uma nova atualização entra em vigor em 3 de janeiro de 2022, trazendo nova redação para a NR-9, com relação à avaliação e controle das exposições ocupacionais a agentes físicos, químicos e biológicos (Brasil, 2020b).

Além dos riscos por agentes físicos, químicos e biológicos, descritos na Portaria n. 3.214/1978, outros riscos são aqueles relacionados a: instalações, ferramentas, máquinas, entre outras, classificados como **riscos situacionais**; à postura inadequada e repetitiva de trabalho, classificados como **riscos ergonômicos**;

---

* Para conhecer as normas regulamentadoras atualizadas, consulte Brasil (2022a).

e a situações decorrentes de falha humana e negligência, classificados como **riscos humano e comportamental** (Vieira; Santos, Martins, 2008).

2.4 Proteção contra riscos químicos

É fundamental que o profissional de química conheça os produtos químicos manuseados em um laboratório para a segurança adequada da operação. Igualmente importante é atentar para a organização de todo o trabalho realizado dentro do laboratório, pois, sem isso, corre-se o risco de as atividades desenvolvidas ficarem fora da sequência correta para a realização e acarretar riscos na operação.

Para ilustrar o que vem a ser a organização adequada, suponhamos que o profissional tem de preparar uma solução de ácido clorídrico diluído. Antes de realmente ter a solução pronta para uso, ele deve observar acuradamente o rótulo que está no frasco do ácido; saber dos cuidados ao manusear o frasco, por exemplo, se é necessário o uso de luvas, óculos de segurança, avental; e preparar a solução dentro de uma capela de exaustão de gases. Também é indispensável antes do preparo da solução separar todos os itens que serão utilizados, ou seja, ter em mãos as pipetas necessárias, béqueres e demais vidrarias, quantidade de água suficiente para a solução, entre outras necessidades, para não ter de ficar se deslocando durante o processo de preparo e, com isso, reduzir o nível de atenção e aumentar o risco de acidentes.

Os princípios que devem ser seguidos para a adequada segurança durante o trabalho em laboratório químico são os seguintes (Espírito Santo, 2019):

- Conhecer todos os riscos associados aos produtos utilizados e os cuidados necessários para o correto manuseio, restringindo a utilização de produtos perigosos para quando realmente necessário.
- Conservar os solventes inflamáveis longe de fontes de calor.
- Sempre utilizar capela para manipular reagentes ou realizar reações que gerem vapores.
- Inspecionar, com frequência, todos os equipamentos e as vidrarias utilizados para garantir que estejam em boas condições, a fim de não comprometer a segurança.
- Cuidar para não tocar a face, a boca, os olhos e o nariz com as mãos quando estiver manuseando produtos químicos.
- Manter o laboratório sempre com boa iluminação e boa ventilação.
- Garantir que todas as pessoas que utilizam os ambientes do laboratório receberam o treinamento necessário para a correta e segura utilização do espaço.
- Separar corretamente materiais sujos, contaminados e limpos.
- Conhecer os principais sinais de intoxicação de todos os reagentes utilizados no laboratório e as principais medidas a serem tomadas em caso de intoxicação.
- Fechar corretamente todos os frascos de reagentes após o uso.

- Manter todos os frascos rotulados e com os rótulos preservados para evitar erros na escolha dos reagentes.
- Manter a bancada com o mínimo necessário para a realização das atividades, pois isso auxilia na manutenção da segurança operacional.
- Limpar de imediato qualquer reagente derramado na bancada ou no chão, de acordo com as normas de segurança para a limpeza de produtos químicos.

Como informamos, durante a utilização dos mais variados tipos de reagentes, é necessário saber que a manipulação dos produtos químicos compreende desde o momento em que se abre o frasco até a etapa de descarte da embalagem após a completa utilização do produto químico. Em qualquer uma dessas etapas pode ocorrer algum acidente; assim, para reduzir os riscos, é preciso conhecer os principais tipos de reagentes que podem causar problemas mais sérios durante a manipulação. Listamos, a seguir, alguns dos principais:

- Produtos que formam peróxidos, como tetrahidrofurano, éter etílico, ciclohexano, entre outros.
- Solventes, como benzeno, clorofórmio, éter etílico, etanol, metanol, tetracloreto de carbono.
- Aldeídos, em especial, o formaldeído.
- Ácidos como o clorídrico, o fluorídrico, o sulfúrico, o nítrico, o perclórico, o acético glacial, o pícrico, entre outros.
- Bases, sais higroscópicos e substâncias de baixa estabilidade.

Esses são alguns dos muitos exemplos de reagentes que mais comumente podem causar problemas durante sua manipulação.

2.5 Proteção contra incêndios

A prática da atividade em um laboratório químico deve ser pensada além da manipulação de forma isolada dos reagentes. É preciso ter consciência de que existem fatores que vão além da intoxicação por meio desses reagentes, como o risco de incêndio pela utilização de reagentes altamente inflamáveis ou de reações que podem gerar combustão.

Antes de tudo, essa proteção deve ser feita com a prevenção ao incêndio, seguindo medidas como:

- Treinar todos que frequentam o laboratório.
- Verificar se todos os extintores estão carregados, em bom estado e com a carga dentro da validade.
- Comunicar todas as situações de risco aos responsáveis.
- Deixar os reparos elétricos para pessoas especializadas.
- Observar se os equipamentos elétricos e a rede elétrica estão em bom estado.
- Guardar tudo em seu devido lugar.
- Desligar toda a iluminação e os equipamentos que não são necessários para o funcionamento do laboratório quando ele for fechado, por exemplo, à noite, ao ir embora.

Além das formas de prevenção, devem ser conhecidas pelos usuários dos laboratórios químicos as formas corretas de combater casos de incêndio.

Os casos de incêndios são resultado de uma combinação de fatores conhecida como *tetraedro de fogo*, que é a reação em cadeia dos três elementos que compõem o fogo – um agente combustível, um agente oxidante, como o oxigênio, e uma fonte de ignição. Quando uma dessas condições iniciais é interrompida ou eliminada, a possibilidade de incêndio por combustão ou explosão é eliminada (Crowl; Louvar, 2015).

O conhecimento a respeito das classes de incêndio também é valioso para sua extinção, porque permite escolher a forma correta de combatê-lo. As cinco classes de incêndio, de acordo com Flores, Ornelas e Dias (2016), são:

1. **Classe A**: Abrange os incêndios que ocorrem com combustíveis sólidos comuns, como madeira, papel, plástico, tecido, entre outros. Suas principais características são a formação de resíduos, como brasas e cinzas, e a queima em superfície e em profundidade.
2. **Classe B**: Abarca incêndios provocados por líquidos inflamáveis, graxas e gases sujeitos à combustão, por exemplo, óleo, gasolina, querosene, gás liquefeito de petróleo e outros. Suas principais características são não deixar resíduo e queimar apenas na superfície, e não em profundidade.
3. **Classe C**: Envolve equipamentos elétricos energizados, como geradores, motores, transformadores, entre outros, com a característica de oferecer maior risco ao profissional combatente.

4. **Classe D**: Abrange incêndios que envolvem metais combustíveis pirofóricos, como alumínio, lítio, magnésio, zinco, entre outros. Esses metais reagem com o meio em que se encontram e, muitas vezes, não necessitam de uma fonte clara de ignição para que ocorra a combustão.
5. **Classe K**: Inclui os incêndios em óleos e gorduras de cozinha, uma característica muito específica de incêndio, mas que se propaga rapidamente.

A forma correta de extinguir o incêndio varia de acordo com a classe do incêndio, definindo-se, assim, o agente extintor adequado.

Para combater os incêndios Classe A, utiliza-se preferencialmente água, mas também podem ser utilizados pós químicos secos de alta capacidade extintora ou espuma. Para os Classe B, indica-se o abafamento e a quebra da reação em cadeia com a utilização de algum agente químico específico. A água deve ser usada com cautela, pois, em algumas situações, pode espalhar as chamas. Para a Classe C, recomenda-se o extintor de dióxido de carbono (CO_2) e, para os incêndios Classe D, pós especiais que separam o material do ar e causam abafamento. Para a Classe K, espuma, pós químicos e, com muita cautela, a água (Flores; Ornelas; Dias, 2016).

Figura 2.2 – Identificação de extintores

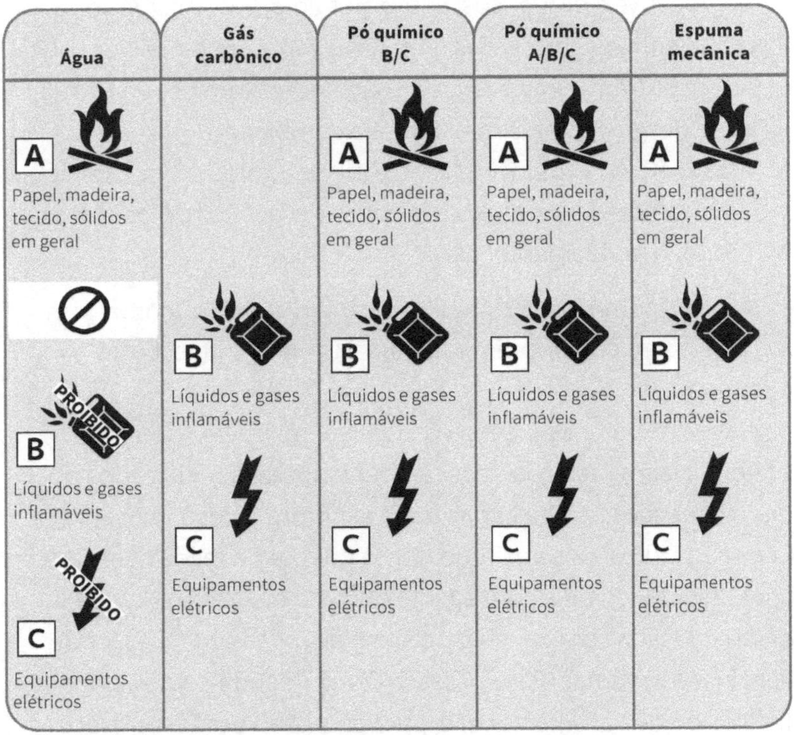

Água	Gás carbônico	Pó químico B/C	Pó químico A/B/C	Espuma mecânica
A Papel, madeira, tecido, sólidos em geral		**A** Papel, madeira, tecido, sólidos em geral	**A** Papel, madeira, tecido, sólidos em geral	**A** Papel, madeira, tecido, sólidos em geral
B PROIBIDO Líquidos e gases inflamáveis	**B** Líquidos e gases inflamáveis	**B** Líquidos e gases inflamáveis	**B** Líquidos e gases inflamáveis	**B** Líquidos e gases inflamáveis
C PROIBIDO Equipamentos elétricos	**C** Equipamentos elétricos	**C** Equipamentos elétricos	**C** Equipamentos elétricos	**C** Equipamentos elétricos

Tropical Shapes/Shutterstock

Ressaltamos que os extintores devem ser providenciados de acordo com o tipo de material e de equipamentos utilizados no laboratório químico. Deve ser levada em consideração também a disposição dos extintores conforme estabelecido no projeto elaborado para o laboratório. A consulta e o acompanhamento do Corpo de Bombeiros local é imprescindível durante a execução do projeto para a correta disposição dos extintores no ambiente.

Síntese

Neste capítulo, abordamos os conceitos de equipamentos de proteção individual (EPIs) e de equipamentos de proteção coletiva (EPCs), que são essenciais para a proteção de todos os trabalhadores de um laboratório químico.

Especificamos os principais EPIs e EPCs e suas características, bem como tratamos dos riscos químicos e de incêndio que envolvem um laboratório, destacando os tipos de incêndios e como prevenir e proteger-se desses riscos.

Atividades de autoavaliação

1. Assinale a alternativa correta sobre os EPIs:
    a) São úteis somente quando o analista manuseia produtos químicos, motivo pelo qual seu uso não é obrigatório.
    b) O chuveiro e o lava-olhos são exemplos de EPI.
    c) As luvas são EPIs muito úteis e podem servir para proteger o analista de produtos químicos (nitrílicas), ou contra queimaduras (térmicas).
    d) As máscaras de proteção devem ser utilizadas somente em laboratórios com risco biológico, em razão da possibilidade de contaminação e do desenvolvimento de doença pelo contato com o patógeno com o qual se está trabalhando.
    e) Nenhuma das alternativas anteriores está correta.

2. Considerando que a garantia da segurança é tarefa de toda a equipe, assinale a alternativa correta com relação aos EPCs:
   a) O chuveiro de emergência é uma ferramenta muito importante em casos de chamas que atinjam as roupas.
   b) O chuveiro de emergência serve somente no caso de derramamento de grande quantidade de produtos químicos possíveis de gerar incêndio.
   c) O lava-olhos serve apenas no caso de uso de lentes de contato e, nessa situação, o óculos de proteção é dispensável.
   d) Se houver acesso à água no laboratório, a presença de extintores de incêndio é desnecessária.
   e) A capela de segurança é o local para trabalho sem a interferência de outras pessoas, pois nela são manipulados produtos de custo elevado.

3. No trabalho em laboratório químico, há diversos riscos a que o analista está exposto. Considerando que risco compreende uma situação de provável ocorrência, assinale a alternativa correta sobre os possíveis riscos no laboratório químico:
   a) São exemplos de riscos a que o analista está exposto: vibrações, temperaturas extremas, radiações ionizantes.
   b) Os riscos químicos compreendem a geração de gases, vapores e produtos que possam ser absorvidos através da pele ou da via respiratória.
   c) A NR-9, que trata do Programa de Prevenção de Riscos Ambientais, sofre regularmente alteração no sentido de ampliar as possibilidades de novos riscos que aparecem com as novas tecnologias.

d) São exemplos de riscos incluídos na última atualização da NR-9 os riscos situacionais, os riscos ergonômicos e os riscos humano e comportamental.
e) Todas as alternativas anteriores estão corretas.

4. O trabalho em um laboratório químico expõe o analista a vários riscos, razão por que saber administrá-los é essencial para o desenvolvimento de uma rotina de trabalho segura. Assinale a alternativa correta com relação à importância da proteção contra os riscos a que o analista estará exposto:
a) A manipulação de substâncias reagentes é constante no laboratório químico; no entanto, as consequências da mistura delas são imprevisíveis, sendo necessário lidar com o acaso.
b) Os equipamentos e as vidrarias utilizados são certificados pelo fabricante. Essa certificação, por si, já garante que eles se encontram em boas condições para não comprometer a segurança.
c) A bancada laboratorial deve conter, de início, todos os reagentes, equipamentos e vidrarias a serem utilizados, a fim de otimizar o serviço e diminuir o tempo de exposição ao risco.
d) Conhecer os riscos a que se estará exposto é tarefa primordial para a boa execução de um trabalho seguro, bem como trabalhar em local organizado.
e) No caso do derramamento de qualquer reagente na bancada ou no chão, deve-se acionar os bombeiros, pois não se sabe a qual perigo o analista estará exposto.

5. Assinale a alternativa correta com relação às atitudes importantes que devem ser tomadas para a prevenção, ou mesmo controle, de situações de incêndio em um laboratório:
   a) Em laboratórios químicos, recomenda-se instalações elétricas e hidráulicas aparentes, externas às paredes e aos forros para facilitar os serviços de manutenção.
   b) As instalações elétricas do laboratório devem apresentar sistema de aterramento para evitar choques e as voltagens das tomadas devem ser diferenciadas e identificadas.
   c) O quadro de energia deve estar em local de fácil acesso e dotado de sistema que permita uma rápida interrupção da energia em casos de emergência.
   d) A iluminação de emergência e os testes periódicos, segundo o plano de manutenção, são essenciais.
   e) Todas as alternativas anteriores estão corretas.

Atividades de aprendizagem

Questões para reflexão

1. Antes de iniciar uma atividade em laboratório, reflita e liste mentalmente todos os riscos envolvidos na atividade que exerce. Com base nessa reflexão, elabore um plano para sua prevenção.

2. Com base no plano elaborado na questão anterior, liste os EPIs e EPCs que devem ser disponibilizados para sua segurança, da equipe e do meio ambiente.

Atividade aplicada: prática

1. Pesquise no laboratório em que você atua se a quantidade de EPIs e EPCs é adequada à demanda de atividades exercidas e, caso não seja, elabore uma atualização desses itens de segurança relacionada à utilização e às quantidades necessárias.

Capítulo 3

Boas práticas laboratoriais

Neste capítulo, apresentaremos as formas de se trabalhar com a vidraria laboratorial para que o resultado esperado seja o mais preciso possível. Também explicaremos os cuidados que se deve ter com essa vidraria tão específica. Apontaremos também as principais diferenças entre as vidrarias, isto é, quais são as mais precisas, as mais gerais, entre outros aspectos que orientam escolha da vidraria mais adequada para dada necessidade.

Indicaremos os cuidados para evitar perda da qualidade do serviço ou do instrumento com o qual se está trabalhando, analisando os riscos de impacto, a forma adequada de transporte e como minimizar os choques térmicos. Também esclareceremos, caso ocorra uma quebra, o que fazer no momento do descarte, para evitar risco de acidentes.

3.1 Operações com vidrarias

Para o analista químico, é essencial conhecer as vidrarias utilizadas em laboratórios químicos para análises, separação de misturas, reações e testes. As vidrarias de laboratório devem ser produzidas com um tipo de vidro especial, denominado *borossilicato*.

O vidro borossilicato contém boro adicionado aos constituintes do vidro comum, o que lhe confere características especiais, como não reagir com a maioria das substâncias utilizadas em laboratório químico e ter maior resistência ao aquecimento. Esta última característica deve-se ao fato de ser menos denso e consequentemente, mais leve; quando comparado ao vidro comum, seu ponto de fusão é maior. Portanto, trata-se de um material de elevado custo e que deve ser manuseado com bastante cuidado.

A primeira classificação diz respeito à presença, ou não, de graduação. As vidrarias com escala de graduação em seu exterior são denominadas *vidrarias graduadas*, como a representada na Figura 3.1. As vidrarias de volumes fixos, com apenas uma graduação, que corresponde ao volume da capacidade total, como ilustra a Figura 3.2, são denominadas *vidrarias volumétricas*.

Figura 3.1 – Cálice graduado

Figura 3.2 – Balão volumétrico

Entre as principais vidrarias utilizadas em laboratório químico, figuram:

- **Béquer, ou copo béquer**: Apresenta-se em volumes variados e, apesar de indicar a graduação, é uma vidraria de baixa exatidão, sendo recomendado seu emprego para reações em geral, dissolução de sólidos e aquecimento de substâncias, misturas ou soluções.

Figura 3.3 – Copo béquer

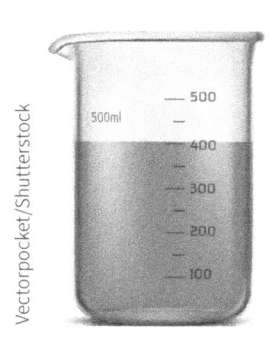

- **Erlenmeyer**: Objeto com boca mais estreita, para facilitar a agitação no processo de titulação. Semelhante ao copo de Béquer, o Erlenmeyer também carece de maior exatidão, podendo ser utilizado para o preparo de soluções e aquecimento de líquidos.

Figura 3.4 – Erlenmeyer

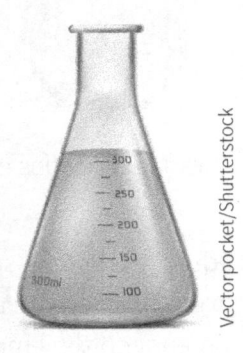

Vectorpocket/Shutterstock

- **Tubo de ensaio**: Utilizado no manuseio de substâncias de pequena escala, para efetuar reações e aquecer substâncias.

Figura 3.5 – Tubo de ensaio

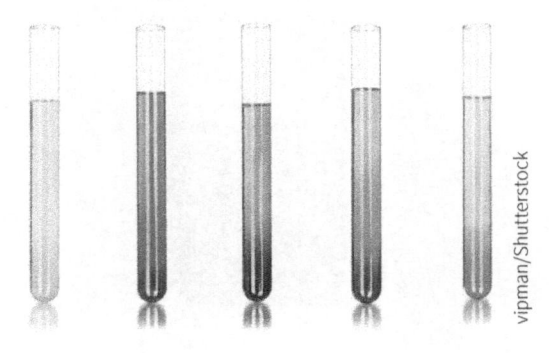

vipman/Shutterstock

☐ **Balões**: Objetos com elevada precisão em sua capacidade de acondicionamento, com diferentes tipos de fundos: chato, redondo ou volumétrico. São todos utilizados no preparo de soluções, pois neles podem ser dissolvidas substâncias por meio de agitação e aquecidos soluções e líquidos; ainda, servem para reações em que há desprendimento de gases. O balão de fundo chato pode ser aquecido sobre tela, sem risco de queda. O balão de fundo redondo necessita de manta arredondada para aquecimento e tem a capacidade de promover o aquecimento da solução por igual. É frequentemente empregado em processos de destilação, sistemas de refluxo e evaporação a vácuo, acoplado a um rotaevaporador. O balão volumétrico tem volume fixo; no entanto, é a vidraria mais precisa para se tomar determinado volume.

Figura 3.6 – Balões de fundo chato (à esquerda) e de fundo redondo (à direita)

YummyBuum/Shutterstock

- **Pipetas**: Graduadas ou volumétricas, são usadas para medir e transferir pequenas alíquotas de líquidos. Devem ser manuseadas com aspiração por pera de borracha e nunca pela aspiração com a boca. A pipeta volumétrica tem somente um volume único e fixo, porém apresenta maior precisão do que a graduada.

Figura 3.7 – Pipeta volumétrica

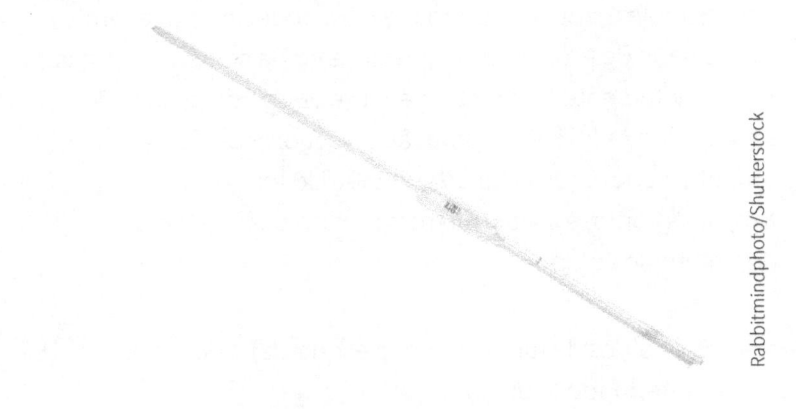

Rabbitmindphoto/Shutterstock

- **Proveta**: Tem graduação variável representada na parte externa e é utilizada para medição e transferência de volumes de líquidos, por ser mais fácil de manusear do que as pipetas, porém estas apresentam graduação volumétrica mais precisa.
- **Bureta**: Assim como as pipetas, apresenta boa precisão e exatidão na transferência de volumes pequenos. É frequentemente utilizada na padronização de soluções, ensaio que necessita controle efetivo do volume transferido.

- **Funil de vidro**: Transfere soluções sem que ocorra perda de volume. Também é útil para filtrar soluções que contêm precipitados ou resíduos, caso em que utilizamos filtro de papel.

Figura 3.8 – Funil de haste curta

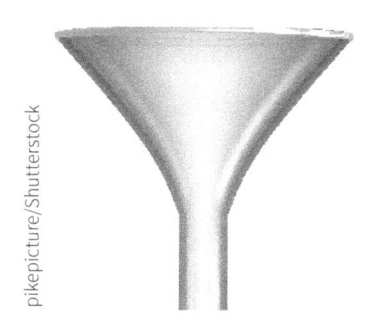

pikepicture/Shutterstock

- **Funil de bromo ou funil de separação**: Aparato arredondado contendo uma torneira em sua parte inferior. Esse tipo de funil é utilizado para a separação em misturas heterogêneas do tipo líquido-líquido, com base em sua diferença de densidade. O líquido mais denso é retirado pela parte inferior, onde está situada a torneira, e o menos denso deve ser retirado pela parte superior.
- **Bastão de vidro**: Como o nome sugere, é um bastão roliço, de espessura variável, usado para misturar ou agitar soluções.
- **Vidro de relógio**: É semelhante a um pires, com fundo abaulado, tal como os vidros que cobrem relógios de pulso. É uma vidraria bastante versátil, muito utilizada para pesar pequenas quantidades de substâncias, evaporar soluções

e cobrir béqueres ou outros recipientes, para não deixar o líquido ou a solução evaporar ou ser contaminada. Não pode ser aquecido diretamente.

- **Placa de Petri**: Semelhante em função e *design* ao vidro de relógio, também pode ser usada para as mesmas finalidades. Tem duas partes: fundo chato, não abaulado, e tampa de igual estrutura e raio um pouco maior. Assim como o vidro de relógio, não pode ser aquecida diretamente.
- **Kitassato**: Usado em filtrações a vácuo, é acoplado por uma mangueira a uma trompa de água, que arrasta parte do ar da parte inferior do kitassato, criando uma região de baixa pressão dentro dele, que provoca um processo de sucção e acelera a filtração.

Figura 3.9 – Kitassato

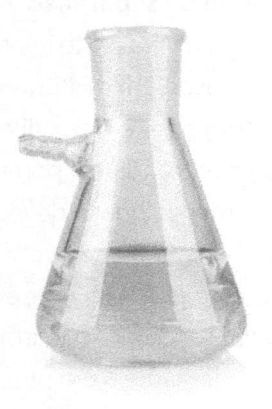

Africa Studio/Shutterstock

O manuseio correto de vidrarias em um laboratório químico garante o bom andamento das reações químicas e a segurança do operador e dos demais usuários do laboratório.

A seguir, apresentaremos algumas orientações importantes para o correto e seguro manuseio de vidrarias.

- Observar sempre as características do vidro quanto à espessura, à resistência química e ao calor.
- Evitar o armazenamento de álcali em vidro, pois esse tipo de reagente, com o tempo, causa erosão.
- Utilizar apenas vidros resistentes ao calor, por exemplo, de borossilicato, pois muitas reações geram aquecimento ou é necessária a utilização de chama.
- Nunca levar um frasco de vidro diretamente à chama. Recomenda-se utilizar a manta elétrica quando utilizar o bico de Bunsen.
- Nunca fechar hermeticamente um frasco de vidro quando for aquecê-lo.
- Sempre aquecer substâncias inflamáveis contidas em vidros utilizando banho-maria, nunca em mantas ou diretamente na chama. É importante também, nesse caso, usar luvas com isolamento térmico próprio para a tarefa.
- Utilizar frasco de Kitassato em sistema de autovácuo. Nunca usar vidraria de parede fina.
- Sempre utilizar manômetro para controle do vácuo.
- Proteger o frasco em tela de arame ou caixa fechada. Isso evita estilhaços em caso de implosão, principalmente em frascos de grande dimensão.

- Ao utilizar rolhas em frascos de vidro, sempre avaliar com cuidado o tamanho da rolha e do orifício; se possível, utilizar lubrificante; caso contrário, proteger as mãos com luvas; proteger os olhos; nunca apoiar no corpo a vidraria; nunca utilizar frascos de vidro que estejam trincados ou quebrados nas bordas; e avaliar a qualidade do material considerando-se seu uso repetido.
- Cuidar especialmente no momento da lavagem do material de vidro, pois é uma tarefa que pode provocar acidentes pela utilização de detergente. Importante utilizar material amortecedor nos locais de lavagem e na superfície da pia, bem como protetores de silicone nas torneiras.
- Sempre utilizar luvas com material antiderrapante.
- Utilizar somente detergentes adequados para a tarefa. Evitar a solução sulfocrômica, pois ela é altamente perigosa e causa contaminação no meio ambiente.
- Descartar vidro quebrado de forma adequada em caixas de papelão resistente.
- Cuidar de forma especial com as vidrarias de volumes grandes.
- Ter cuidado rigoroso em trabalhos que envolvem evaporação, pois o vidro pode se quebrar após esta ser completada.
- Nunca aquecer vidros a seco, pois isso destempera o vidro e o deixa mais frágil.
- Nunca utilizar materiais de vidro trincados, lascados ou corroídos, porque estão mais frágeis.
- Nunca aquecer materiais de vidro com paredes grossas em chama direta, placa aquecedora ou outras fontes similares de calor.

- Evitar colocar o vidro quente em superfícies que estiverem frias ou molhadas, bem como o vidro frio em superfícies que estiverem quentes. O vidro poderá se quebrar por causa da variação de temperatura, mesmo sendo de borossilicato.
- Esfriar lentamente os todos os materiais de vidro a fim de evitar a quebra (Espírito Santo, 2019).

3.2 Proteção contra impactos

A proteção contra determinado tipo de acidente depende do risco de sua ocorrência, bem como da probabilidade de ocorrência. Em um laboratório químico, como já ressaltamos, os riscos são inúmeros, guardam relação com a característica dos processos desenvolvidos e são imprevisíveis.

Para proteção de todos os trabalhadores, além de estabelecer as normas e as boas práticas, é imprescindível segui-las à risca em um laboratório.

A rotina diária do ambiente laboratorial baseada em processos bem-estruturados é fundamental para a segurança; portanto, conforme já declaramos, o treinamento e a orientação devem ser constantes.

Como a vidraria de laboratório não é resistente a choques mecânicos, essa é uma das principais causas de quebra. Os estilhaços gerados por esse tipo de acidente são potenciais riscos para a saúde do analista, razão por que a utilização de equipamentos de proteção individual (EPIs), como óculos de segurança e luvas de proteção, é indispensável.

Quanto maiores os frascos, mais pesados estarão quando cheios de substâncias químicas. Como as bancadas de laboratórios são, geralmente, feitas de pedras naturais (por ser um material resistente), para evitar o impacto do vidro pesado na bancada, uma boa medida preventiva é utilizar mantas de borracha ou de neoprene.

Ainda considerando a possibilidade de haver impactos, destacamos as provetas, as quais contam com uma base plástica, mais resistente ao impacto do que o vidro.

Reiteramos, obedecer às normas de boas práticas laboratoriais é indispensável para a proteção contra o risco de impacto. No laboratório químico, o trabalho deve ser executado com profissionalismo e muito cuidado; por isso, é preciso evitar, ao máximo, movimentos bruscos em seu interior. Além disso, vale repetir que o uso de vestimenta adequada, de EPIs e de equipamentos de proteção coletiva (EPCs) é obrigatório. Outra proibição é ingerir alimentos no laboratório.

Além das vidrarias, é necessário conhecer os utensílios mínimos para uso em laboratório de química (Beatriz, 2022; UFJF, 2022):

- **Telas**: Confeccionadas em aço, com o centro recoberto em amianto, são utilizadas para proteger as vidrarias de chamas diretas do bico de Bunsen e para a distribuição uniforme do calor.
- **Argola ou anel**: Instrumento para o suporte de funil de vidro.
- **Garra metálica**: Semelhante a uma pinça, tem borboletas de fixação para equipamentos de vidro de espessura variável, a exemplo de buretas, mantendo a montagem estável.

- **Pinça de madeira**: Semelhante a uma pinça ou a um grampo de roupa grande, é utilizada para segurar tubos de ensaio, especialmente quando eles são submetidos ao aquecimento.
- **Suporte para tubos de ensaio**: Geralmente sob a forma de grade metálica, que também pode ser de madeira, é utilizado para sustentação de tubos de ensaio, para levar uma coleção de tubos ao banho-maria de forma estável.
- **Tripé**: Suporte utilizado para sustentar a tela de amianto quando há necessidade de aquecimento.
- **Pisseta ou frasco lavador**: Frasco de plástico com ponta fina, às vezes curva; é utilizado para lavagem de diversos materiais e para preencher as vidrarias com água. Comumente, contém água destilada, mas pode armazenar detergentes ou outros solventes.
- **Espátula**: Estrutura em polipropileno utilizada para transferência de substâncias sólidas para pesagem ou simples transferência.
- **Trompa de vácuo**: Utilizada para reduzir a pressão no interior de um frasco, principalmente durante a filtração sob pressão reduzida.
- **Pipetador de borracha ou pera**: Utilizado para evitar acidentes, serve para o preenchimento de pipetas por sucção, principalmente no caso de líquidos voláteis, irritantes ou tóxicos.

3.3 Prevenção de choques térmicos

O choque térmico é um fenômeno bastante comum em um laboratório quando não são tomados alguns cuidados. É decorrente de uma diferença acentuada entre a temperatura da substância contida no frasco e a temperatura externa, seja da bancada, seja do suporte, seja da superfície em que essa vidraria é colocada. O vidro, quando exposto a uma grande variação de temperatura, fica sujeito a forte tensão no interior de sua parede, o que provoca sua ruptura.

Por essa razão, é recomendável a utilização de vidros confeccionados com borossilicato, porque são mais resistentes às diferenças de temperatura.

Além disso, algumas atitudes preventivas, como as listadas a seguir, podem ser aplicadas durante o aquecimento de vidrarias para minimizar o risco de choque térmico:

- Evitar colocar vidro quente sobre superfícies frias ou molhadas ou vidros frios em superfícies quentes.
- Esfriar o material de vidro lentamente.
- Em aquecimento direto, por exemplo, em tubos de ensaio, evitar que a chama aqueça o vidro acima do nível do líquido. Dessa forma, quando o líquido entrar em contato com a superfície, não haverá variação brusca de temperatura.
- O aquecimento deve ocorrer de forma branda para evitar espirros e respingos. Utilizar chapas de aquecimento em banho-maria é uma excelente alternativa.

- Posicionar a boca do tubo de ensaio sempre para o lado oposto ao do operador.
- Usar pinça para segurar o tubo de ensaio.

Fique atento!

Em caso de aquecimento de tubos de ensaio em bico de Bunsen, é indispensável o uso de EPIs.

Figura 3.10 – Bico de Bunsen

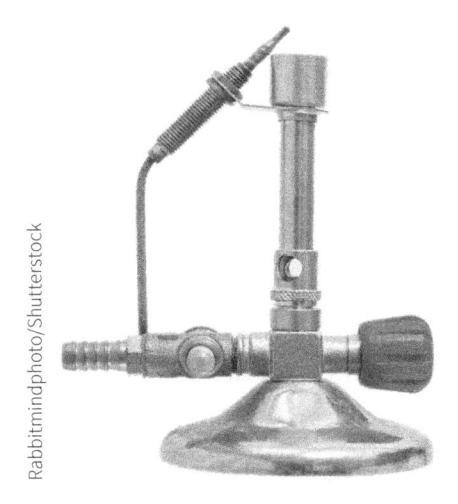

Rabbitmindphoto/Shutterstock

Aconselha-se, ainda, a utilização de anteparos de segurança para o aquecimento de líquidos em laboratório químico, como telas de amianto e placas de cerâmicas.

Figura 3.11 – Aquecimento sob anteparo

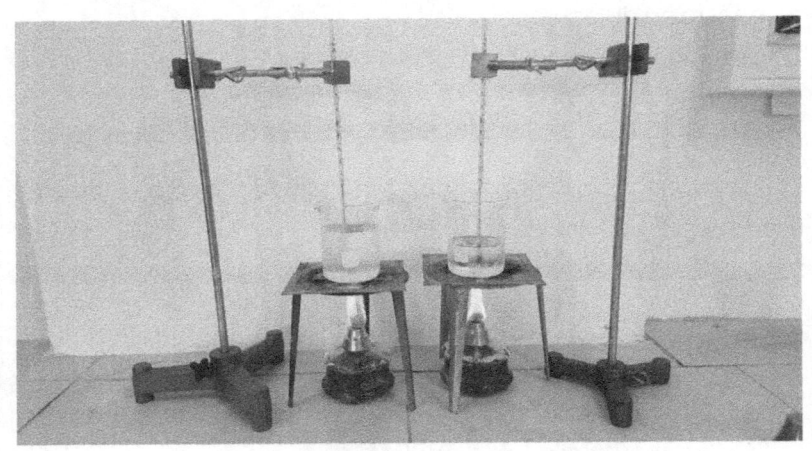

fen deneyim/Shutterstock

3.4 Transporte de vidrarias e de reagentes em laboratórios

Como já apontamos, para a organização de um experimento, é preciso montar a bancada de forma organizada e ter à disposição todos os reagentes necessários. Muitas vezes, é preciso transportar frascos grandes ou muitos frascos, o que exige mais atenção e cuidado.

Para evitar riscos durante o transporte, perda dos produtos ou a exposição dos demais operadores a odores irritantes, bem como a formação de gases por volatilidade, o transporte de frascos de produtos químicos deve ser feito com critério.

A forma mais adequada e segura para o transporte de itens dentro do laboratório, ou entre laboratórios, é por meio de carrinhos de transporte, como o ilustrado na Figura 3.12, que são úteis para evitar o contato de frascos com o corpo do operador.

Figura 3.12 – Carrinho para transporte de vidrarias e reagentes

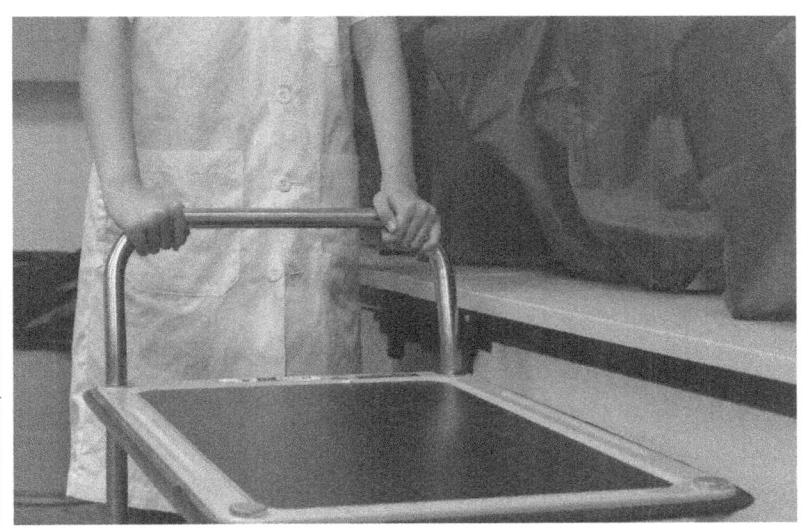

focus thanawut/Shutterstock

As vidrarias pequenas podem ser transportadas em bandejas adequadas, com o cuidado de evitar possíveis colisões. Frascos de reagentes ou amostras com dimensões intermediárias devem ser transportados em recipientes que possam ser carregados com as mãos, como caixas plásticas, ou um recipiente com alças.

3.5 Descarte

Outro ponto de extrema importância em um laboratório químico é o descarte de todos os tipos de resíduos gerados durante seu funcionamento. Líquidos ou sólidos, esses resíduos podem gerar vapores tóxicos e reagir perigosamente entre si, caso não sejam descartados corretamente.

Um plano de gerenciamento de resíduos é crucial para todo tipo de laboratório, em especial aqueles que trabalham com produtos químicos e biológicos. Esse planejamento tem o potencial de garantir que os resíduos sigam o caminho correto para tratamento e descarte, preservando não apenas a segurança dos frequentadores dos laboratórios, mas também o meio ambiente.

A Associação Brasileira de Normas Técnicas (ABNT, 2004), por meio da NBR 10.004, classifica os resíduos de acordo com o grau de risco que podem oferecer tanto aos indivíduos quanto ao meio ambiente, da seguinte maneira:

- **Resíduos Classe I**: São os resíduos perigosos que podem ser corrosivos, tóxicos, patogênicos, reativos e inflamáveis. Exemplos: diversos tipos de ácidos, solventes, materiais biológicos e outros.
- **Resíduos Classe II** – São os resíduos não perigosos que podem ser descartados na rede de esgoto dentro dos limites permitidos na legislação. Exemplos: alguns tipos de sais, desde que não estejam contaminados por outras substâncias (ABNT, 2004).

A Classe II subdivide-se em:

- Classe II A: Abrange resíduos não inertes, como papel, plástico, restos de alimentos, que são biodegradáveis e podem sofrer combustão.
- Classe II B: Compreende resíduos inertes, como pedras, vidro e materiais de alumínio (ABNT, 2004).

O procedimento de descarte deve seguir algumas etapas importantes, como: segregação, acondicionamento, rotulagem, armazenamento e destinação final.

A etapa de segregação é primordial, pois garante que os diversos reagentes químicos sejam separados de acordo com suas incompatibilidades químicas e que cada um receba o tratamento adequado antes da etapa subsequente (Paula; Otenio, 2018).

Na etapa de rotulagem, segundo a NBR 10.004, todos os frascos utilizados no processo devem estar rotulados de maneira que haja o completo conhecimento do que se está manuseando em cada frasco, garantindo segurança e facilitando o tratamento interno e a condução do processo (ABNT, 2004).

Na etapa de acondicionamento, todos os resíduos devem ser colocados em recipientes adequados, como galões, bombonas de plástico resistente, caixas de papelão resistentes para acondicionar materiais de vidro e materiais perfurocortantes. A escolha do recipiente adequado depende do tipo de resíduo que é necessário armazenar (Paula; Otenio, 2018).

Fique atento!

Segundo a NBR 9.800 (ABNT, 1987), algumas substâncias químicas, após o devido tratamento, podem ser descartadas na rede de esgoto, desde que estejam nas concentrações máximas permitidas para esse fim. Alguns exemplos são sulfeto, sulfato, zinco, prata, óleos e graxas, surfactantes, entre outros.

Na etapa de armazenamento, devem ser respeitadas todas as situações de incompatibilidades químicas, os locais precisam estar muito bem identificados, as embalagens grandes têm de ser colocadas em locais mais baixos, e as pequenas podem ser alocadas em prateleiras mais altas, sendo que tudo isso visa à segurança dos operadores (Paula; Otenio, 2018).

Finalmente, como esclarecem Paula e Otenio (2018), a etapa da destinação final deve ser realizada por empresa especializada e licenciada, seguindo as legislações municipais e estaduais vigentes e a legislação nacional do Conselho Nacional do Meio Ambiente (Conama), que determina uma série de ações relacionadas ao tratamento e lançamento de efluentes laboratoriais por meio da Resolução n. 430, de 13 de maio de 2011, com vistas à segurança de toda a operação (Conama, 2011).

Síntese

Neste capítulo, abordamos as principais operações que envolvem a utilização de vidrarias. Primeiramente, apresentamos as características básicas das principais vidrarias utilizadas em laboratório químico para, depois, tratar das formas de utilização correta dessas vidrarias.

Versamos sobre a maneira correta de manusear e proteger as vidrarias contra impactos e citamos os cuidados necessários para evitar acidentes, especialmente em relação à temperatura, nos casos de choque térmico. O transporte correto de vidrarias e de reagentes também foi comentado neste capítulo.

Ao final, destacamos as maneiras corretas para o descarte de produtos químicos de acordo com as boas práticas de laboratório, compondo uma noção geral do trabalho com vidrarias e reagentes em laboratório químico.

Atividades de autoavaliação

1. O conhecimento acerca do manuseio correto da vidraria contribui para que se possa trabalhar com segurança. Assinale a alternativa correta a respeito do manuseio da vidraria:
    a) Os cuidados com a vidraria laboratorial se concentram somente no que está relacionado ao fogo, pois o vidro é resistente a ácidos e álcalis.
    b) Deve-se dar preferência aos frascos de vidro borossilicato, porque são mais resistentes ao aquecimento, prática frequente em laboratórios químicos.
    c) Os frascos de vidro borossilicato podem ser aquecidos diretamente na chama, pois são resistentes a essa prática.
    d) Os frascos de vidro utilizados no laboratório, para aquecimento ou não, nunca devem ser fechados, sob o risco de explosão.
    e) Todas as alternativas anteriores estão corretas.

2. O impacto é uma condição inevitável no trabalho com vidros. Assinale a alternativa correta com relação à prevenção eficiente contra os acidentes por impacto:
   a) Uma medida eficiente para evitar o risco de acidentes por impacto e quebra da vidraria é a substituição do vidro pelo plástico.
   b) Como a vidraria mais suscetível é o frasco de grande volume, o ideal é usar os de volume limitado, que, mesmo cheios, são mais leves.
   c) O uso de proteção na bancada amortece o impacto do vidro na pedra. Geralmente essa proteção é obtida com o uso de mantas de neoprene ou de borracha.
   d) Suportes de plástico para todas as vidrarias é o ideal para a proteção contra o impacto, inevitável no trabalho diário.
   e) O analista deve ser muito cuidadoso na rotina diária, pois não há como evitar ou prevenir o impacto no laboratório.

3. Os ensaios que exigem temperatura de aquecimento no ambiente laboratorial são frequentes, e o risco de quebra de vidraria é uma consequência desses procedimentos. Assinale a alternativa que apresenta cuidados necessários para a realização de procedimentos com segurança:
   a) Usar somente o aquecimento em banho-maria, o qual substitui, na técnica, o aquecimento direto.
   b) Ao aquecer um líquido em tubo de ensaio, deve-se sempre ficar olhando diretamente para o tubo e, quando a solução começar a subir, retirá-lo rapidamente do fogo.

c) Evitar a mudança brusca de temperatura, usar vidraria robusta (borossilicato), promover aquecimento e resfriamento de forma lenta.
d) Se o aquecimento for feito de forma branda e em banho-maria, o operador não precisa usar EPIs.
e) Nenhuma das alternativas anteriores está correta.

4. Transportar as vidrarias e os frascos contendo variados tipos de reagentes é tarefa comum na rotina laboratorial, mas que requer cuidado extremo, pois pode expor todos os funcionários a riscos. Assinale a alternativa correta sobre o transporte de reagentes:
   a) Os frascos de reagentes, especialmente os grandes, não devem ser transportados encostados ao corpo.
   b) O uso de carrinhos é altamente recomendado para o transporte dentro do laboratório, ou entre diferentes setores deste, somente para reagentes, pois as vidrarias podem ser carregadas junto ao corpo.
   c) Toda vidraria e todos os frascos, independentemente do tamanho, devem ser transportados no carrinho de segurança.
   d) Para evitar acidentes, os frascos de reagentes, especialmente os grandes, devem ser mantidos acondicionados em uma prateleira sob a bancada.
   e) O avental de proteção tem vários bolsos, sendo uma alternativa interessante para o transporte de vidrarias de pequena dimensão.

5. A destinação dos resíduos químicos requer muita atenção porque é preciso garantir a segurança do laboratório e a do meio ambiente. Assinale a alternativa correta sobre as etapas do descarte:
   a) O descarte de resíduos químicos deve ocorrer em grandes frascos e todos os resíduos podem ser misturados. Quando esses frascos estiverem cheios, devem ser encaminhados à vigilância sanitária municipal.
   b) Todos os resíduos químicos líquidos podem ser descartados no ralo comum e os sólidos, no vaso sanitário, pela necessidade de maior pressão para expulsá-los.
   c) Os resíduos gerados pelo laboratório são todos classificados como perigosos, razão por que um planejamento único deve ser elaborado.
   d) A destinação dos resíduos é responsabilidade das indústrias químicas que fabricam os reagentes, processo denominado *logística reversa*.
   e) O descarte de resíduos químicos é um risco ambiental; por isso, deve ser elaborado um plano de gerenciamento de resíduos de acordo com sua classificação, conforme a ABNT, além de estabelecer a destinação conforme as normativas do Conama.

Atividades de aprendizagem

Questões para reflexão

1. Classifique as vidrarias graduadas no laboratório em que você trabalha ou estuda de acordo com a precisão obtida na medida. Em seguida, relacione essas vidrarias com metodologias que podem ser desenvolvidas com a utilização delas.

2. Por que é preciso ter cuidado rigoroso no uso da vidraria laboratorial? Como se deve proceder com as vidrarias para manter a segurança laboratorial no caso da realização de experimentos e técnicas que envolvam calor, como chapa de aquecimento, bico de Bunsen e estufa?

Atividade aplicada: prática

1. Com base na NBR 10.004 (ABNT, 2004) e na Resolução n. 430/2011 (Conama, 2011), elabore um manual para um plano de gerenciamento de resíduos químicos de um laboratório que utiliza ácidos, sais e álcalis. Atente para abranger todas as etapas, ou seja, segregação, acondicionamento, rotulagem, armazenamento e destinação.

Capítulo 4

Produtos químicos e reagentes

Neste capítulo, comentaremos sobre técnicas e normas para o manuseio de produtos químicos que visam a evitar acidentes e orientam como transportá-los de modo a prevenir situações potencialmente perigosas. Essas informações são valiosas para casos de derramamento, detalhando como proceder com segurança.

Trataremos também do manuseio de produtos químicos e tudo o que envolve a sinalização visual (pictogramas universais), assuntos de extrema importância para todos os frequentadores de laboratórios químicos porque, com esse conhecimento, os riscos de acidentes podem ser minorados.

Ainda, discorreremos sobre a forma correta de armazenamento de produtos químicos, pois os compostos tóxicos, ou potencialmente perigosos, são inúmeros e seu correto armazenamento é condição essencial para a manutenção da segurança de todos.

4.1 Manuseio correto de produtos químicos

O manuseio de produtos químicos é regulamentado pela Norma Regulamentadora (NR) 26, que trata da sinalização de segurança, aprovada pela Portaria n. 3.214, de 8 de junho de 1978 (Brasil, 1978), com alteração dada pela Portaria n. 2.770, de 5 de setembro de 2022, a qual estabelece que:

> 26.4.1.1 O produto químico utilizado no local de trabalho deve ser classificado quanto aos perigos para a segurança e a saúde

dos trabalhadores de acordo com os critérios estabelecidos pelo Sistema Globalmente Harmonizado de Classificação e Rotulagem de Produtos Químicos – GHS [do sistema em inglês Globally Harmonized System of Classification and Labeling of Chemicals], da Organização das Nações Unidas. (Brasil, 2022c)

Figura 4.1 – Pictogramas universais adotados pelo GHS

Migren art/Shutterstock

Esse sistema é um padrão técnico desenvolvido, composto de pictogramas* que facilitam o entendimento universal de risco. Eles são usados para definir os perigos específicos oferecidos por cada produto químico e os critérios de classificação de acordo com os dados disponíveis sobre os agentes químicos e seus perigos já definidos. Sua finalidade é organizar e facilitar a comunicação feita por meio dos rótulos e da ficha de informações de segurança de produtos químicos (FISPQ).

A padronização de riscos, do Sistema Globalmente Harmonizado de Classificação e Rotulagem de Produtos Químicos – GHS (do sistema em inglês *Globally Harmonized System of Classification and Labeling of Chemicals*), segue a classificação apresentada no Quadro 4.1.

---

* Para conhecer os pictogramas, consulte Unece (2022).

Quadro 4.1 – Classificação de tipos de perigos e seus componentes padronizados pelo GHS

Perigos	Componentes	Pictogramas de referência
Físicos	Explosivos Inflamáveis Comburentes Gases sob pressão Pirofóricos Misturas reativas Peróxidos Corrosivos para metais	(1, 6, 7) (2, 5, 6, 7) (3) (4) (8)
Saúde	Toxicidade aguda Irritação cutânea Irritação ocular Sensibilização respiratória Sensibilização cutânea Mutagenicidade Cancerígeno Toxicidade reprodutiva Órgãos alvos – exposição única Órgãos alvos – exposição repetida Aspiração	(1) (1, 2, 3, 5, 9) (2, 3) (4, 6, 7, 8, 9, 10)
Meio ambiente	Ambiente aquático – agudo Ambiente aquático – crônico Camada de ozônio	(1, 2) (3)

Fonte: Elaborado com base em Unece, 2022.

A criação do GHS envolveu diversas entidades preocupadas em unificar mundialmente o tratamento dos riscos, entre elas: Organização das Nações Unidas (ONU), Organização Internacional do Trabalho (OIT), Organização para a Cooperação e Desenvolvimento Económico (OCDE) e Subcomitê de Especialistas em Transportes de Produtos Perigosos por Estradas (subordinado à ONU).

No Brasil, a Agência Nacional de Vigilância Sanitária (Anvisa) regulamentou a FISPQ de acordo com os padrões de sistematização do GHS, cujo objetivo é permitir ao fabricante do produto a divulgação de informações importantes sobre os perigos dos produtos químicos fabricados e comercializados por ele.

A FISPQ é um documento que reúne informações sobre vários aspectos do composto químico. É dividida em seções e disponibilizada no ato da compra do produto, acompanhando-o obrigatoriamente. Essa ficha é um direito do comprador para sua informação a respeito do produto que está adquirindo. Seu conteúdo deve ser conhecido e disponível para todos que trabalham com o produto, servindo também como base para a elaboração de normas de conduta em caso de acidentes.

Constam na FISPQ a identificação do produto, o nome comercialmente empregado, bem como o da empresa fabricante, com dados básicos de localização e de contato. Os perigos que o produto apresenta e seus efeitos nocivos à saúde humana e ao meio ambiente, além dos perigos físicos e químicos gerais e específicos, são indicados de forma clara e breve na ficha.

Após as seções de identificação, a FISPQ aponta a composição e as informações sobre os ingredientes, se o produto é uma substância química pura – com o nome químico, nesse caso – ou se é uma mistura, apresentando, então, a natureza química dos constituintes. As propriedades físico-químicas, como odor, aparência, cor, ponto de fusão, ebulição, entre outras, também são especificadas.

Outras informações importantes constantes na ficha são, por exemplo, medidas de primeiros socorros, de combate a incêndio e de controle no caso de derramamento ou vazamento. Assim é porque não se aplicam aos produtos químicos as medidas comuns tomadas em casos de acidentes domésticos, de combate a incêndios simples e de derramamento de líquidos inofensivos.

Há também informações bem detalhadas que orientam sobre o que não se deve fazer. A respeito do derramamento, por exemplo, a FISPQ orienta sobre as precauções pessoais e ambientais, bem como sobre os procedimentos de descontaminação e neutralização, de acordo com as características do produto.

Informações sobre manuseio, armazenamento, além de ações para o controle de exposição e de proteção individual, também são detalhadas nessa ficha.

Nas seções dedicadas aos temas estabilidade e reatividade dos produtos químicos, informa-se sobre o comportamento do produto em condições normais de temperatura e de pressão (CNTP), indicando os potenciais riscos de reatividade, bem como a possibilidade de reatividade, o que tem relação com situações de perigo, por exemplo, excesso de pressão ou de calor. Também são citadas as condições a serem evitadas, como exposição à luz, variações de temperatura, choque, impacto, atrito e umidade, visto que a exposição do produto a alguma dessas variáveis pode resultar em risco.

As incompatibilidades entre materiais, sob o risco de explosão, liberação de gases tóxicos ou inflamabilidade, devem estar descritas, especificando-se as classes de substâncias que não podem ser misturadas, e sim mantidas isoladas. Além disso, são listados produtos perigosos da decomposição, resultantes do manuseio, da armazenagem e do aquecimento.

A FISPQ não contém informações somente sobre produtos, riscos e incompatibilidades, mas orienta sobre o manuseio e a prevenção de perigos iminentes, observando a segurança do trabalhador.

Nenhuma solução química preparada ou aliquotada em um laboratório químico pode ser armazenada sem as informações necessárias para prevenir acidentes, razão pela qual sempre se deve rotular soluções contendo as informações básicas, como: nome da solução; concentração; uso específico (quando não for de uso geral); data de preparação e de validade (se preciso); fator estequiométrico (se necessário); simbologia internacional de riscos e terminologia de risco; e nome do responsável.

Os frascos base, adquiridos por meio de comércio, normalmente apresentam simbologia e terminologia de riscos. Em caso de fracionamento ou diluição, a simbologia e a terminologia de risco podem ser fixadas no frasco separadamente do rótulo indicativo do produto. Assim como os produtos da rotina, os resíduos gerados devem ser rotulados com todas as informações de identificação e de segurança.

O diamante, ou diagrama, de Hommel é outra simbologia de risco bastante aplicada em vários países, mas sem obrigatoriedade. Diferentemente das placas de identificação, o diamante de Hommel serve para indicar os riscos que envolvem o produto químico em questão, mas não informa qual é a substância química.

Na Figura 4.2, estão ilustrados os riscos representados no diamante de Hommel.

Figura 4.2 – Diamante de Hommel

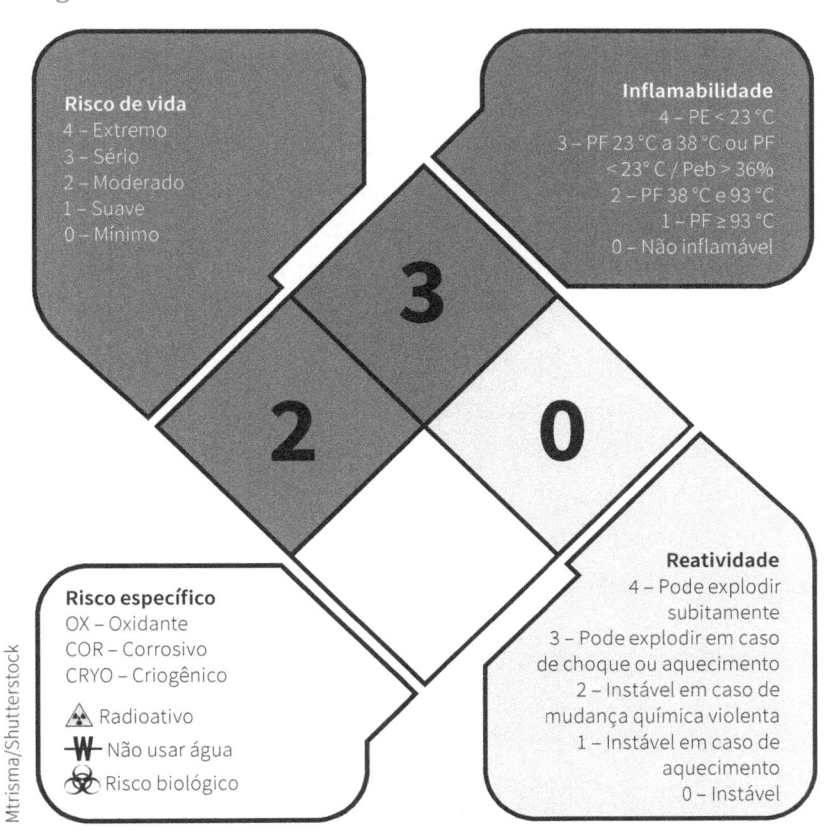

Risco de vida
4 – Extremo
3 – Sério
2 – Moderado
1 – Suave
0 – Mínimo

Inflamabilidade
4 – PE < 23 °C
3 – PF 23 °C a 38 °C ou PF < 23° C / Peb > 36%
2 – PF 38 °C e 93 °C
1 – PF ≥ 93 °C
0 – Não inflamável

Risco específico
OX – Oxidante
COR – Corrosivo
CRYO – Criogênico

☢ Radioativo
W – Não usar água
☣ Risco biológico

Reatividade
4 – Pode explodir subitamente
3 – Pode explodir em caso de choque ou aquecimento
2 – Instável em caso de mudança química violenta
1 – Instável em caso de aquecimento
0 – Instável

Mtrisma/Shutterstock

Frequentemente aplicado nas áreas do laboratório, o diamante de Hommel foi criado com *design* de fácil entendimento e reconhecimento, o que fornece ao operador uma ideia geral dos perigos a que está submetido ao usar determinados materiais, informando o grau de periculosidade.

4.2 Transporte de produtos químicos

Os produtos químicos utilizados no Brasil são transportados por todo o território pelas rodovias e em grandes quantidades. Muitos tipos de produtos químicos são transportados dessa maneira, com destaque para os líquidos inflamáveis, explosivos, corrosivos, gases, materiais radioativos, entre outros.

A Agência Nacional de Transporte Terrestres (ANTT) classifica os produtos relacionados a esse tipo de transporte como perigosos. São eles:

- Substâncias explosivas
- Gases
- Sólidos e líquidos inflamáveis
- Compostos sujeitos à combustão espontânea
- Compostos que, em contato com água, emitem gases inflamáveis
- Substâncias oxidantes, corrosivas e peróxidos orgânicos
- Substâncias tóxicas e infectantes
- Materiais radioativos
- Substâncias e artigos perigosos diversos

Os gases, por exemplo, são subdivididos em três grupos:
1. Gases inflamáveis
2. Gases não inflamáveis e não tóxicos
3. Gases tóxicos

Esse tipo de transporte precisa ser conduzido com muita segurança e em conformidade com as normas dos órgãos regulamentadores. Nesse sentido, deve-se prover uma estratégia de segurança para o transporte desses produtos em todas as etapas do processo. Todos os veículos devem ser adequados para as substâncias que transportarão e devem estar corretamente sinalizados, segundo a classe e os riscos em que o produto se enquadra.

Por isso, é imprescindível que empresa e transportador estejam atualizados a respeito das regulamentações e das normas. A Resolução n. 5.947, de 1º de junho de 2021 da ANTT (2021) auxilia nessa situação, ao lado das normas da Associação Brasileira de Normas e Técnicas (ABNT).

As normas regulamentadas na Resolução n. 5.947/2021 da ANTT baseiam-se no documento publicado pela ONU, a 21ª revisão do *Recommendations on the Transport of Dangerous Goods – Model Regulations*, conhecido como *Orange Book*. Trata-se de um regulamento-modelo para a universalização do transporte de produtos perigosos, aumentando a proteção da saúde e do meio ambiente e facilitando o comércio mundial (Unece, 2019b).

O motorista responsável pela carga deve ser treinado e capacitado para o transporte de cargas perigosas, portar documentação contendo todas as informações sobre a classificação do produto, o fabricante ou o importador, bem como conhecer todas as informações sobre possíveis intervenções em caso de acidentes.

A jornada de trabalho do motorista está contemplada na Lei n. 13.103, de 2 de março de 2015 (Brasil, 2015), e suas atualizações e não pode ser superior a oito horas por dia; quando ocorrer por oito horas ininterruptas, deve ser seguida, obrigatoriamente, de um descanso de 11 horas.

É mandatório o motorista receber, a cada cinco anos, capacitação por meio do curso Movimentação Operacional de Produtos Perigosos (MOPP), de curta duração. Essa formação continuada abrange transporte de produtos químicos e perigosos, com foco na direção defensiva, na legislação de trânsito e na legislação específica para o transporte de produtos químicos, bem como noções de primeiros socorros e prevenção e combate a incêndio.

Com relação ao combate a incêndios, a recomendação do Corpo de Bombeiros é que, em caso de acidentes que envolvam risco ou presença de incêndio, a área seja isolada e sinalizada corretamente; além disso, o transportador, o embarcador e a polícia devem ser informados imediatamente sobre a ocorrência. Em acréscimo, é necessário manter celulares, cigarros, lanternas e motores distantes do local do acidente, para evitar a geração de fagulhas. Obviamente, deve-se seguir as recomendações estipuladas nas fichas de emergência, compartilhando as informações com a equipe de atendimento à ocorrência.

O veículo, normalmente caminhão, deve estar em boas condições de manutenção, com os documentos em dia com a legislação e sinalizado externamente com placas indicativas sobre os produtos carregados e seus riscos. As informações relacionadas à classe e à subclasse dos produtos, bem como os riscos inerentes a seu manuseio e derramamento, precisam estar de acordo com a resolução da ANTT, regulamentada pela ONU, e bem visíveis sob a forma de painéis de segurança e rótulos de risco, com números e símbolos indicativos.

Obrigatoriamente, o painel informativo tem de se apresentar de acordo com o exemplo ilustrado na Figura 4.3. Deve ser um painel retangular (30 × 40 cm), com borda de 1 cm, fundo na cor laranja e duas linhas com números em preto. As informações devem apresentar: na linha superior, o número indicativo do risco – exceto no caso de explosivos, que não têm número de risco; e, na linha inferior, o número de classificação da ONU, que identifica o produto de acordo com a listagem internacionalmente empregada para designar produtos perigosos. A leitura deve ocorrer separando-se os algarismos. No caso do painel da Figura 4.3, lê-se: na linha superior, 33, que indica líquido altamente inflamável e, na linha inferior, 1203, que indica combustível automotor ou gasolina.

O número de classificação da ONU é um código composto por quatro dígitos e usado para identificar materiais e artigos perigosos (por exemplo, explosivos, itens inflamáveis ou substâncias tóxicas), de acordo com as recomendações da ONU sobre o transporte de mercadorias perigosas, disponíveis, como já citamos, na 21ª revisão do *Recommendations on the Transport of Dangerous Goods – Model Regulations* (Unece, 2019b).

Figura 4.3 – Exemplo de painel de segurança para veículo transportador

```
33
1203
```

Fonte: ABNT, 2017a.

A classe e a subclasse a que o produto pertence devem ser sinalizadas por meio do rótulo de risco, como ilustram as Figuras 4.4 e 4.5, indicando o risco principal e o subsidiário, respectivamente. Na Figura 4.4, o rótulo indica um produto da classe 4, ou seja, sólidos inflamáveis, substâncias sujeitas à combustão espontânea e substâncias que, em contato com água, emitem gases inflamáveis.

Figura 4.4 – Rótulo de risco

Paul Kovaloff/Shutterstock

Fonte: ABNT, 2017a.

Os símbolos dos rótulos ilustrados na Figura 4.5 indicam, no sentido horário: produto explosivo, gás não inflamável, gás inflamável, substância sujeita a combustão espontânea, oxidante e produto radioativo, como escrito em cada painel.

Figura 4.5 - Exemplos de rótulos de risco

Fonte: ABNT, 2017a.

Tanto o painel de segurança quanto o rótulo de risco devem estar afixados nos veículos que transportam produto químico em sua forma fracionada ou a granel de forma que possam ser facilmente visualizados. Nas Figuras 4.6 e 4.7, mostramos como deve ser feita tal sinalização.

Figura 4.6 – Exemplo de sinalização para transporte de carga fracionada de produtos perigosos iguais (número ONU) e riscos iguais (número de risco) na mesma unidade de transporte

Fonte: Elaborado com base em ABNT, 2017a.

Figura 4.7 – Exemplo de sinalização para o transporte de carga a granel de substância perigosa ao meio ambiente (número ONU 3082)

Fonte: Elaborado com base em ABNT, 2017a.

Dessa forma, fica claro que o conhecimento do profissional químico é importante em toda a cadeia logística dos produtos, envolvendo produção, distribuição, transporte e descarte dos produtos químicos e resíduos. Na área de transporte, ele orienta especialmente processos de prevenção e manejo em caso de acidentes.

4.3 Manuseio de produtos químicos e possíveis derramamentos

A preocupação com produtos químicos deve ser considerada desde seu transporte, em razão do risco ambiental, até o momento do armazenamento e do manuseio. O ato de manusear um produto químico deve ser avaliado desde a abertura de sua embalagem até o descarte dela, após todo o produto ter sido utilizado.

Saber as reações possíveis dos produtos, seu impacto sobre os ecossistemas e o meio ambiente, sua reatividade quando expostos e sua capacidade de degradação é primordial para a criação de estratégias sob a forma de procedimento operacional padrão em caso de derramamentos. Essas informações devem estar à disposição e ser do conhecimento de todos, visando sempre à segurança pessoal e coletiva.

No entanto, acidentes acontecem e, nesse caso, é preciso dispor de informações padronizadas, referentes ao manuseio de produtos químicos. As orientações sobre precauções e atitudes a serem tomadas no caso de derramamento de um produto químico sob a forma líquida devem constar obrigatoriamente na FISPQ. Isso deve estar registrado na seção sobre medidas de controle para derramamento ou vazamento, onde são descritos: procedimentos de proteção ao meio ambiente; procedimentos emergenciais e de acionamento de alarmes; e métodos para limpeza, coleta, neutralização e descontaminação do ambiente afetado ou do meio ambiente.

Em caso de algum produto químico ser derramado sobre o indivíduo, o fator tempo é crucial nessa emergência. O conhecimento dos procedimentos possíveis de serem efetuados para minimizar os danos são descritos na FISPQ, como já referimos. Por essa razão, é fundamental o conhecimento a seu respeito, bem como o acesso rápido e fácil à ficha. Nem todas as situações serão sanadas apenas com a lavagem do local afetado, mas, caso possível, a localização do chuveiro com lava-olhos deve ocorrer o mais rápido possível.

Por essa razão, as FISPQs de todos os produtos manuseados em diferentes setores devem estar disponíveis em locais de fácil acesso aos funcionários, analistas e pesquisadores. A orientação a esses profissionais é indispensável antes de qualquer atividade com produtos químicos.

O *kit* de emergência para derramamento é de extrema importância em todos os setores em que se trabalha com produtos químicos. Deve ser composto de materiais absorventes e EPIs, e todas as pessoas envolvidas no manuseio de produtos químicos devem ser treinadas para sua correta utilização. O *kit* de emergência deve conter:

- agentes absorventes, a exemplo da areia, granulados tipo vermiculita, estopa ou serragem;
- cordão absorvente para contenção;
- pá de plástico ou material que não gere faíscas;
- vassoura;
- sacos plásticos;
- etiquetas autoadesivas;
- baldes plásticos ou bombonas;
- solução de bicarbonato de sódio e gluconato de cálcio (para ácido fluorídrico);
- EPIs.

Derramamento de produtos químicos

No caso de derramamento, é necessário isolar o local o mais rápido possível e viabilizar a ampla ventilação. Para a contenção do derramamento, deve-se levar em conta o tipo de agente e utilizar EPIs específicos, de acordo com o risco identificado. Por exemplo, se o composto for volátil ou capaz de desprender gases tóxicos, é preciso utilizar protetores respiratórios, óculos de segurança, entre outros.

    A contenção deve ser feita, primeiramente, cercando a área atingida com cordão com capacidade absorvente, a fim de manter o produto químico em uma área delimitada e demarcada. Em seguida, é recomendável despejar sobre o produto derramado material absorvente para, depois, o resíduo ser coletado por uma pá de plástico e descartado em bombonas plásticas destinadas à coleta de resíduos químicos, obedecendo sempre à classe do composto que foi coletado. Após a retirada do resíduo, o local pode ser submetido a limpeza comum, utilizando-se água, detergente e panos, desde que não haja gases no ambiente.

Derramamento de produtos inflamáveis

Quando o derramamento é de um composto com potencial inflamável, o produto deve ser absorvido, como descrito na subseção anterior, recolhido e desprezado em recipiente destinado a material inflamável. Caso o volume derramado seja superior a 1 litro, algumas precauções de ordem coletiva devem ser tomadas, como interromper a rotina de trabalho e evacuar o laboratório, bloquear fontes de ignição, desligar os equipamentos e fechar a central de gás.

É necessário também promover a dissipação de gases e permitir intensa ventilação. Se houver, o sistema de exaustão deve ser acionado. Em seguida, deve-se isolar por completo a área e acionar a equipe de segurança.

Derramamento de ácidos e compostos químicos corrosivos

Conforme descrito para os tipos de produto anteriores, é preciso isolar o local, evitar que o derramamento se estenda e promover a absorção imediata do líquido derramado. Para a absorção, aconselha-se utilizar mantas específicas ou compostos minerais com grande capacidade de absorção e de retenção líquida, a exemplo da vermiculita.

Derramamento de produtos tóxicos, inflamáveis ou corrosivos sobre o operador

Quando ocorrer o derramamento sobre o operador, a rapidez no atendimento é crucial para evitar o agravamento das lesões. As vestimentas atingidas devem ser retiradas o mais rápido possível para se reduzir o tempo de exposição ao agente; preferencialmente, isso deve ser feito já sob o chuveiro para retirar, pelo arraste pela água, o excesso de composto. O tempo sob a água do chuveiro deve ser de, pelo menos, 15 minutos, ou até que a ardência seja reduzida. É indispensável acionar o serviço de emergência imediatamente ou conduzir o operador rapidamente ao atendimento médico.

Derramamento de grandes quantidades de produtos químicos – risco ambiental

Em caso de derramamento de grande quantidade de produtos químicos em transporte, a contaminação de rios não afeta somente a vida fluvial/marinha, mas também toda a população ribeirinha, podendo impactar a saúde e a economia local. Quando rios e mares são atingidos por esse tipo de acidente, vários ecossistemas são prejudicados também, tornando as águas inapropriadas para pesca e para banho, e causando um impacto ambiental que envolve saúde, economia e turismo.

4.4 Armazenamento de produtos químicos

Para o correto armazenamento de produtos químicos no ambiente laboratorial, devem ser consideradas sua classificação e sua especificação. A rotulagem dos produtos químicos deve estar em consonância com um um sistema de classificação adotado universalmente, bem como estabelecer precauções para o seu manuseio por meio de simbologias de advertência, de acordo com o GHS (Unece, 2003).

Para o armazenamento de embalagens novas ou fracionadas, a rotulagem com o devido símbolo e as informações que denotam o grau de risco ao profissional que terá de utilizá-lo são essenciais. O armazenamento de grande quantidade de produtos químicos sem planejamento e controle é gerador potencial de acidentes; vale lembrar que as exigências para o correto armazenamento auxiliam na redução dos riscos potenciais relacionados ao armazenamento.

Como existe grande variabilidade de compostos usados em um laboratório químico, suas propriedades físicas e o tipo de embalagem proveniente da indústria devem ser consideradas para se estabelecer o tipo e a estrutura de acondicionamento mais adequado.

O armazenamento deve ser agrupado por classes gerais de risco químico, como nos exemplos a seguir:

- Agentes inflamáveis
- Agentes tóxicos
- Agentes explosivos

- Agentes oxidantes
- Agentes corrosivos
- Gases comprimidos
- Produtos sensíveis à água
- Produtos incompatíveis

O controle e o planejamento de estoque facilitam consideravelmente o trabalho no laboratório, assim como a busca pelo agente necessário para determinada análise.

O local de armazenamento deve situar-se longe da área operacional para evitar cenário capaz de desencadear acidentes, como o contato ocupacional dos profissionais com o odor e o aquecimento de substâncias com risco de explosão ou potencialmente inflamáveis, por exemplo.

A área para armazenamento e as áreas que dão acesso ao estoque principal devem ser de fácil acesso. O local deve ser bem iluminado e ventilado e, quando necessário, provido de controles de temperatura e de umidade, além de sistema de exaustão eficiente e em constante operação, para a manutenção de segurança respiratória.

As quantidades máximas em peso e a capacidade das prateleiras devem ser respeitadas. O acondicionamento de grandes frascos deve ser feito na altura máxima de 60 cm do piso. As prateleiras devem estar dispostas de forma a evitar aquecimento por incidência de luz natural ou artificial. Ainda, precisam estar bem fixadas, para evitar deslocamento acidental ou amontoamento de embalagens. Grandes estoques geram risco maior para a ocorrência de acidentes; portanto, deve-se obedecer à quantidade mínima necessária à manutenção das atividades rotineiras do laboratório.

Todos os produtos químicos armazenados devem estar catalogados, com informações sobre uso correto, forma de manipulação e disposição de armazenamento, acrescidas das respectivas fichas com informações de segurança. Reiteramos que conhecer o produto com o qual se está a trabalhar, suas características de armazenamento, bem como seu potencial de risco, é indispensável a todos os analistas laboratoriais.

Depois de especificar a qual classe pertence determinado produto químico, o armazenamento pode ser feito em estantes metálicas com aterramento, de alvenaria ou de madeira, no caso de produtos corrosivos. As prateleiras devem estar devidamente fixadas no solo e no teto, conferindo mais segurança ao armazenamento.

Quando o armazenamento é feito em armários, no caso de produtos inflamáveis, estes devem ser resistentes ao fogo, com sistema de contenção de derramamento e aterramento elétrico. Os armários devem ter dispositivos que evitem o acúmulo de vapores, como sistema de exaustão e de ventilação.

Se a refrigeração for necessária, as geladeiras domésticas não são indicadas por não disporem de sistema elétrico à prova de explosão, sistema de exaustão e boa estabilidade, além de serem pouco resistentes internamente.

Nenhum produto químico deve ser aceito ou armazenado aberto ou sem rótulo de identificação, tampouco pode ser acondicionado sobre a bancada ou no interior da capela de exaustão. Como já indicamos, sempre que utilizados, os produtos químicos devem ser devidamente fechados; quando voláteis, devem ter suas embalagens seladas com filme inerte antes de serem devidamente fechados.

4.5 Descarte de produtos químicos

A Resolução da Diretoria Colegiada (RDC) n. 306, de 7 de dezembro de 2004, da Agência Nacional de Vigilância Sanitária (Anvisa), regulamenta o gerenciamento de resíduos de serviços de saúde, estabelecendo classificação de acordo com sua composição e suas características, bem como estabelece orientações para o manuseio e o descarte de forma segura (Anvisa, 2004). No Capítulo VI, a classificação desses resíduos está assim descrita:

- Grupo A – Potencialmente infectantes
- Grupo B – Químicos
- Grupo C – Radioativos
- Grupo D – Resíduos comuns
- Grupo E – Perfurocortantes

Figura 4.8 – Classificação de resíduos de acordo com a RDC n. 306/2004 da Anvisa

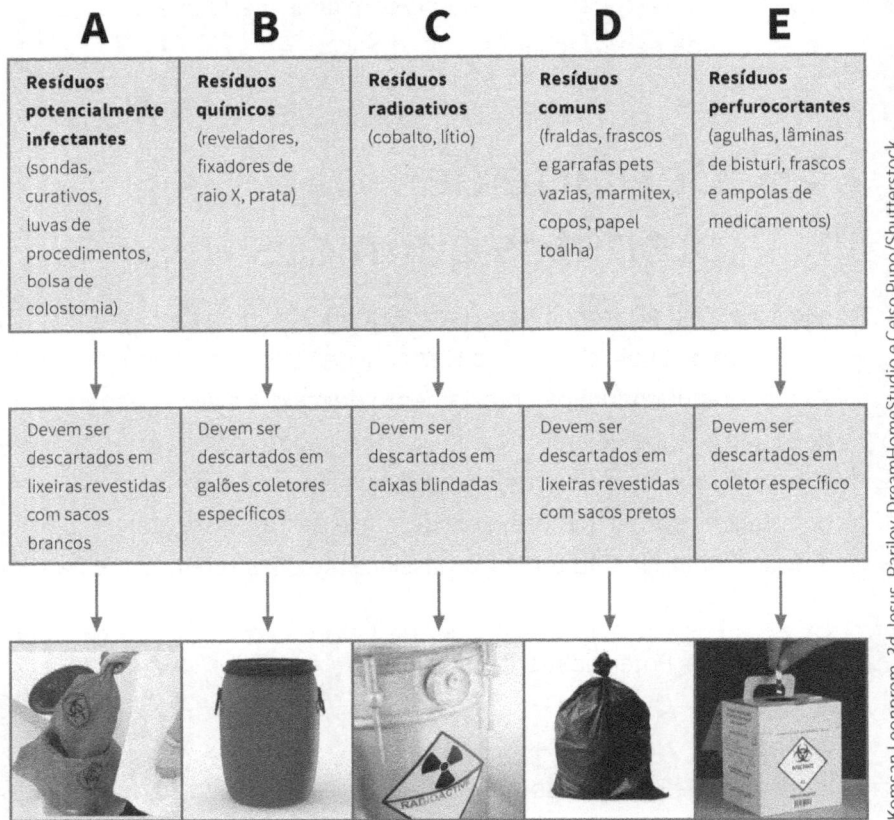

A	B	C	D	E
Resíduos potencialmente infectantes (sondas, curativos, luvas de procedimentos, bolsa de colostomia)	**Resíduos químicos** (reveladores, fixadores de raio X, prata)	**Resíduos radioativos** (cobalto, lítio)	**Resíduos comuns** (fraldas, frascos e garrafas pets vazias, marmitex, copos, papel toalha)	**Resíduos perfurocortantes** (agulhas, lâminas de bisturi, frascos e ampolas de medicamentos)
Devem ser descartados em lixeiras revestidas com sacos brancos	Devem ser descartados em galões coletores específicos	Devem ser descartados em caixas blindadas	Devem ser descartados em lixeiras revestidas com sacos pretos	Devem ser descartados em coletor específico

Komsan Loonprom, 3d Jesus, Parilov, DreamHomeStudio e Celso Pupo/Shutterstock

Embora a RDC n. 306/2004 seja destinada ao gerenciamento de resíduos da saúde, os resíduos de Classe B compreendem resíduos químicos; portanto, nesse caso, aplica-se o mesmo cuidado, sejam eles produzidos em ambiente de saúde ou no laboratório químico. Em outras palavras, o gerenciamento deve ser minucioso, estar bem embasado na legislação e apresentar um plano de ação.

O laboratório químico, assim como a indústria e os serviços de saúde, gera diversos tipos de resíduos, sólidos, líquidos e gases, mesmo que em menor escala. Em prol do meio ambiente, os analistas químicos devem reduzir tanto quanto possível os resíduos, otimizando as análises, ou seja, minorando o volume de soluções preparadas e substituindo solventes tóxicos por outros mais brandos, o que se denomina *química verde*.

A tecnologia contribuindo para o alcance desse objetivo, pois alíquotas cada vez menores são necessárias.

Assim, mais uma vez, elencamos algumas das principais condutas de descarte seguro:

- Resíduos tóxicos jamais devem ser descartados diretamente no esgoto, em especial os inflamáveis, pois criam uma camada superior à água e podem ser causa de explosões na tubulação.
- Reagentes diferentes nunca devem ser misturados sem que se conheça sua reatividade.
- Gases e vapores exigem atenção para o limite vigente em legislação a respeito da liberação direta na atmosfera de quantidades pequenas de gases. As grandes indústrias já realizam filtragem de adsorção para gases orgânicos ou lavagem dos gases ácidos ou básicos. Mesmo assim, para a segurança do operador, reações que produzam esse tipo de resíduo devem ser executadas dentro de capelas ou câmaras de segurança com mecanismo de exaustão eficiente.

- Líquidos devem ser descartados somente após a definição de suas propriedades perigosas, como inflamabilidade, corrosividade, reatividade e toxicidade. Em caso de líquidos provenientes de processos de titulometria, que não apresentam metais pesados, a recomendação é acertar o pH entre 5 e 9, diluir e descartar na rede pública de esgoto. Em caso de líquidos contendo fluoreto ou metais pesados, deve-se separar ou adsorver a parte sólida da solução, o precipitado fluoretado deve ser encaminhado para aterro sanitário, e o líquido, descartado na rede pública de esgoto. A borra de metais pesados pode ser encaminhada para reciclagem ou para aterro industrial, devido à toxicidade de alguns metais, e o líquido pode ser descartado na rede de esgoto. Para o descarte de ácidos, álcalis e soluções contendo cianeto, deve-se alcalinizar a solução e, então, descartá-la em rede de esgoto público.
- Resíduos biológicos devem ser autoclavados ou inativados com solução de hipoclorito 1,0 a 2,5% e, na sequência, destinados ao esgoto.
- Solventes orgânicos clorados ou não clorados devem ser armazenados em embalagens resistentes, separando-se os solventes clorados dos não clorados. Em seguida, devem ser destinados para descarte por empresas específicas de controle de resíduos para sua correta incineração.
- Resíduos sólidos do laboratório, como frascos de reagentes tóxicos, devem ser lavados para evitar acidentes. Resíduos sólidos de baixa toxicidade devem ser destinados à reciclagem ou a aterros sanitários. Resíduos não biodegradáveis, como as embalagens de plástico, devem ser encaminhados para reciclagem ou incineração.

☐ Resíduos sólidos perigosos que sejam inflamáveis, corrosivos, tóxicos, patogênicos ou reativos, que não forem explosivos, podem, após tratamento adequado, ser destinados a aterros sanitários, enquanto os outros tipos de sólidos devem seguir para incineração devidamente embalados e transportados com cuidados adequados.

Além dos produtos químicos, são muito comuns em laboratórios os materiais perfurocortantes, ou seja, todos os objetos que apresentam bordas agudas, com capacidade de lesionar sob a forma de corte ou perfuração, incluindo os resíduos provenientes da quebra de vidrarias ou similares. Eles formam o Grupo E de resíduos, segundo a RDC n. 306/2004 da Anvisa.

Para descarte, esse tipo de material deve ser acondicionado em embalagens de paredes rígidas, com a sinalização bem visível de que se trata de uma embalagem para descarte de material perfurocortante. A embalagem deve impedir que o material nela descartado seja retirado de seu interior depois de descartado.

Vale lembrar que os perfurocortantes podem apresentar risco biológico, quando provenientes de hospitais, e risco químico ou radioativo, quando provenientes de setores de quimioterapia e de radioterapia. Quando, além do risco perfurocortante, estiverem associados os riscos biológico, químico ou radioativo, os mesmos cuidados e tratamentos que esses contaminantes requerem devem ser tomados em adição ao cuidado de serem perfurocortantes.

Está claro, a sinalização é fundamental em qualquer ambiente de trabalho, principalmente quando há manuseio, transporte e armazenamento de produtos químicos. Portanto, conhecer essas particularidades e as formas corretas de descartar esses mesmos produtos e proceder em casos de acidentes é ponto-chave para a adequada atuação do profissional integrante de um laboratório químico.

Síntese

Neste capítulo, tratamos das principais técnicas e normas para o correto manuseio, transporte e sinalização dos produtos químicos utilizados em um laboratório químico.

Também descrevemos práticas a serem seguidas em casos de derramamento de produtos químicos, bem como as formas pertinentes para o correto armazenamento desses produtos.

Por fim, comentamos as formas legais para a destinação adequada dos resíduos gerados pelo uso dos produtos químicos, ou seja, o descarte apropriado desses produtos.

Atividades de autoavaliação

1. Assinale a alternativa correta a respeito do manuseio adequado e seguro de produtos químicos:
    a) A rotulagem dos produtos químicos deve obedecer aos padrões de informação de acordo com a Anvisa.
    b) A rotulagem dos produtos químicos deve obedecer aos padrões de informação de acordo com a FISPQ.

c) A rotulagem dos produtos químicos deve obedecer aos padrões de informação de acordo com cada fabricante.
d) A rotulagem dos produtos químicos deve obedecer aos padrões de informação de acordo com o GHS.
e) Todas as alternativas anteriores estão corretas.

2. O transporte de produtos químicos é uma atividade especializada que deve seguir rigorosamente as normas da legislação em vigor. O responsável por esse transporte deve:
a) manter jornada de trabalho de 4 horas, com intervalo de 8 horas.
b) receber capacitação específica e continuada, por meio de curso, a cada cinco anos.
c) ter atenção às características do veículo que será utilizado para o transporte de produtos químicos.
d) aguardar a chegada dos bombeiros quando houver uma ocorrência inesperada.
e) Nenhuma das alternativas anteriores está correta.

3. É correto considerar que todas as informações sobre o produto químico devem estar presentes na FISPQ, bem como os cuidados no caso de derramamentos e acidentes. Assinale a alternativa correta sobre derramamento de produto químico:
a) A contenção sobre derramamentos deve ser considerada importante em âmbito pessoal e em relação ao meio ambiente.
b) Não só a contenção é importante, mas também métodos de limpeza, coleta, neutralização e descontaminação do ambiente ou do meio ambiente.

c) Os setores passíveis de risco de derramamento devem dispor do *kit* de emergência e todos os envolvidos no manuseio de produtos químicos devem ser treinados para sua utilização.
d) Em caso de derramamento, devemos utilizar os EPIs adequados para a contenção e a coleta do resíduo.
e) Todas as alternativas anteriores estão corretas.

4. O armazenamento de produtos químicos é uma atividade complexa, pois a variedade dos riscos e as especificidades são grandes. Para o armazenamento seguro, é necessário:
   a) manter a rotulagem apenas para frascos novos e obedecer às normas do GHS.
   b) armazenar agrupando por classes gerais de risco químico, a uma distância segura da área operacional, e os produtos devem estar catalogados com suas fichas contendo informações de segurança.
   c) armazenar os produtos químicos somente em estantes ou armários de metal.
   d) manter os frascos de reagentes, especialmente os grandes, acondicionados em uma prateleira sob a bancada.
   e) armazenar sempre um estoque grande, a fim de evitar os riscos com o transporte de reagentes químicos.

5. A respeito das condutas corretas de descarte de resíduos químicos da prática laboratorial, avalie se as afirmativas a seguir são verdadeiras (V) ou falsas (F):
   ( ) Resíduos tóxicos jamais devem ser descartados diretamente no esgoto, em especial os inflamáveis, pois criam uma camada superior a água e podem ser causa de explosões na tubulação.

( ) Líquidos devem ser descartados somente após a definição de suas propriedades perigosas, como inflamabilidade, corrosividade, reatividade e toxicidade. Em caso de líquidos provenientes de processos de titulometria, que não apresentam metais pesados, a recomendação é acertar o pH entre 5 e 9, diluir e descartar na rede pública de esgoto.

( ) Resíduos biológicos devem ser autoclavados ou inativados com solução de hipoclorito 1,0 a 2,5% e, na sequência, destinados ao esgoto.

( ) Todos os resíduos sólidos perigosos, incluindo inflamáveis, corrosivos, tóxicos, patogênicos e reativos, podem, após tratamento adequado, ser destinados a aterros sanitários ou seguir para incineração devidamente embalados e transportados com cuidados adequados.

Agora, assinale a alternativa que apresenta a sequência correta de preenchimento dos parênteses, de cima para baixo:

a) V, V, F, F.
b) F, V, F, V.
c) V, F, F, V.
d) V, V, V, F.
e) F, V, F, F.

Atividades de aprendizagem

Questões para reflexão

1. Quando está no laboratório em que atua, você sente confiança e segurança no manuseio das vidrarias? Existe o risco de derramamento durante o manuseio? Relacione as

principais vidrarias utilizadas para preparar uma solução de NaCl 5% e outra de HCl 0,01 M. Em seguida, descreva os principais cuidados no manuseio dessas soluções e os pictogramas necessários em cada ambiente.

2. Explique quais informações são apresentadas no diamante de Hommel e esclareça por que seu uso em laboratórios favorece a segurança dos operadores.

Atividade aplicada: prática

1. Relacione todos os pictogramas universais e demais sinalizações necessárias para garantir a segurança dos usuários.

Capítulo 5

Gases

Neste capítulo, trataremos da correta utilização de gases em ambientes laboratoriais, abrangendo as reações provocadas por eles e o uso adequado de equipamentos. Iniciaremos explicando as diferenças entre gases e vapores para, então, esclarecer questões sobre a intoxicação por esses elementos.

Discorreremos sobre o manuseio e o armazenamento de gases sob pressão, destacando os cuidados necessários para a condução dessas ações de maneira segura, e de algumas questões relacionadas com incompatibilidades de gases, situação que pode gerar riscos em diversas operações laboratoriais.

Essas incompatibilidades precisam ser compreendidas para auxiliar na tomada de decisão tanto para prevenir acidentes quanto para lidar com eles, quando tiverem ocorrido.

5.1 Diferença entre gás e vapor

Compreender os conceitos de gás e de vapor e diferenciá-los é fundamental para o trabalho com esses elementos dentro de um laboratório químico porque proporciona maior segurança ao químico e ao ambiente como um todo.

Gás é toda substância que está em estado gasoso em condições normais de temperatura e pressão, sem forma definida e ocupando todo o espaço em que se encontra. Já **vapor** é toda substância que, em condições normais de temperatura e pressão, encontra-se em estado líquido, por exemplo, a água em estado líquido, quando é aquecida, libera o vapor d'água (Peixoto; Ferreira, 2013).

O estado físico da matéria sob a forma de gás por si só já é motivo de preocupação, pois ela se move livremente, pode se expandir indefinidamente e conter riscos adicionais como inflamabilidade, toxicidade e poder oxidante. Além disso, seu armazenamento ocorre sob elevada pressão, podendo apresentar um acondicionamento instável.

Ressaltamos também que, apesar de alguns gases, como o cloro, apresentarem odor e cor característicos, há outros, como o monóxido de carbono, que não apresentam odor ou coloração, dificultando sua identificação na atmosfera.

5.2 Intoxicação por gases

Os gases e os vapores são classificados como agentes irritantes, asfixiantes e anestésicos. A seguir, detalhamos esses tipos de gases e vapores.

De modo geral, os gases **irritantes** afetam o trato respiratório, a pele e os olhos, desencadeando, com isso, um processo inflamatório localizado.

Dentro dessa classificação existem os gases indicados como **irritantes primários**, ou seja, aqueles que exercem um efeito local de irritação. Essa irritação pode chegar a regiões internas do trato respiratório, dependendo da solubilidade do gás ou de vapor no meio fisiológico.

Por meio da exposição aguda, esses agentes podem provocar, nas vias aéreas superiores, problemas como rinite, faringite, laringite, associados a um quadro clínico de dor, coriza, espirros, tosse e irritação. Nas vias aéreas inferiores, causam bronquite, broncopneumonia e edema pulmonar, associados a quadro clínico de tosse e dispneia. A exposição crônica, mesmo que em baixas concentrações, leva à toxicidade nos sistemas respiratório e ocular, além da pele (Vidal; Carvalho, 2003).

A intensidade da irritação dessas substâncias depende, principalmente, destes cinco fatores:

1. Tempo de exposição e concentração da substância no ar.
2. Solubilidade em água e outras propriedades químicas.
3. Quantidade de exposições repetidas, mesmo que em baixas concentrações.
4. Fatores anatômicos, fisiológicos e genéticos.
5. Algum tipo de interação química, como a inalação de outro tipo de agente tóxico de forma simultânea (Vidal; Carvalho, 2003).

Vidal e Carvalho (2003, p. 5) destacam algumas "substâncias químicas com efeitos irritantes primários: ácidos, amônia, cloro, soda cáustica, dióxido de enxofre, óxidos de nitrogênio".

Outra classe dos gases e vapores irritantes são os **irritantes secundários**. Nestes, soma-se à ação irritante local uma ação sistêmica, ou seja, essas substâncias, "além de ocasionarem irritação primária em mucosas de vias respiratórias e conjuntivas, são absorvidas e distribuídas" (Vidal; Carvalho, 2003, p. 5), podendo chegar a locais como o sistema nervoso e o sistema respiratório de forma mais profunda. Um exemplo de substância irritante secundária é o H_2S (gás sulfídrico) (Vidal; Carvalho, 2003).

Os gases **asfixiantes** podem levar o organismo à deficiência ou à privação de oxigênio, sem interferir diretamente no funcionamento da respiração, e são classificados em asfixiantes simples ou asfixiantes químicos.

Os gases **asfixiantes simples** são inertes fisiologicamente; o perigo está relacionado à alta concentração, que reduz a pressão parcial de oxigênio. Logo, esses gases deslocam o oxigênio do ar e provocam asfixia pela diminuição da concentração do oxigênio no ar inspirado. Alguns podem estar na forma líquida quando comprimidos. Etano, metano, propano, butano, GLP, acetileno, nitrogênio, hidrogênio são exemplos desse tipo de gás (Vidal; Carvalho, 2003).

Os gases **asfixiantes químicos**, por sua vez, produzem asfixia mesmo em pequenas concentrações, pois interferem no transporte do oxigênio pelos tecidos por meio da anoxia tissular, afetando o aproveitamento de oxigênio pelas células. O monóxido de carbono (CO) é um exemplo desse tipo de asfixiante (Vidal; Carvalho, 2003).

Por fim, os gases **anestésicos** têm potencial de provocar depressão do sistema nervoso central (SNC), reduzindo sua atividade e interferindo diretamente no sistema neurotransmissor, o que pode causar perdas da consciência, parada respiratória e até a morte. Esse efeito pode variar de acordo com a concentração, ou seja, em menores concentrações pode não haver efeito anestésico, mas apenas lesão no sistema nervoso, no sistema hematopoético, e em diferentes órgãos (Vidal; Carvalho, 2003).

5.3 Gases sob pressão

Trabalhar com gases sob pressão dentro de um ambiente laboratorial exige bastante responsabilidade, pois eles requerem cuidados extras para o correto e seguro manuseio. Fotômetros de absorção atômica e de emissão, cromatógrafos líquido e a gás, espectrômetro de massa, ressonância magnética nuclear (RMN), aparelhos de perfusão e de secagem são alguns dos equipamentos que necessitam de gases sob pressão, exigindo cuidado redobrado em seu manuseio.

Fique atento!

É necessário cuidado especial com cilindros de gases comprimidos inertes e combustíveis, que devem ser acondicionados fora do laboratório, com ventilação adequada, sempre protegidos do calor e da umidade e longe de equipamentos elétricos, como ar-condicionado.

Quando novos cilindros de gás comprimido são recebidos, deve-se realizar teste de vazamento, identificação, armazenamento no local adequado para cada tipo de cilindro, identificação com data de recebimento, presença de proteção do registro e do lacre. Em hipótese alguma se deve remover o lacre, a identificação ou qualquer etiqueta anexada ao cilindro (Vidal; Carvalho, 2003).

Para o trabalho seguro com gases sob pressão, algumas das principais orientações em manuais de biossegurança são as seguintes (Vidal; Carvalho, 2003):

- Instalar exaustores com acionamento isento de faísca ou aquecimento porque são essenciais em situações de vazamento.
- Identificar corretamente gases inflamáveis e tóxicos.
- Certificar-se sempre de que não há vazamento.
- Fechar a válvula do cilindro sempre quando não estiver em uso, utilizando as ferramentas adequadas para cada tipo de válvula, de acordo com o fabricante.
- Identificar os reguladores de pressão externa e interna, porque são específicos para cada tipo de gás comprimido.
- Evitar, ao máximo, choques mecânicos com os cilindros e entre eles, Apenas pessoas especializadas devem transportar e movimentar os cilindros, sempre utilizando os EPIs adequados para o transporte de tais itens.
- Buscar sempre com o fornecedor orientação para o uso e a regulagem das válvulas na pressão adequada.
- Verificar vazamentos usando espuma de sabão neutro ou produtos fornecidos pelas empresas.
- Proibir que fumem próximo aos locais onde os cilindros estejam instalados, adotando sinalização sobre essa proibição.
- Proibir o uso de lubrificantes ou qualquer agente químico na válvula dos cilindros para evitar danificá-la e prevenir possíveis reações entre os gases e esses agentes.

- Proibir a transferência de gases entre cilindros, que nunca deve ser feita.
- Jamais apertar demasiadamente as válvulas ou as conexões. Caso ocorra um pequeno vazamento, deve-se desatarraxar e vedar utilizando fita de Teflon® após limpeza adequada.

Ressaltamos a importância da cultura de segurança em laboratórios químicos, que deve ser construída por meio da leitura de materiais distintos (como este livro), da experiência prática e da convivência com pessoas que já tenham essa experiência.

5.4 Armazenamento de cilindros

O manuseio e o armazenamento de cilindros de gases sempre geram alto risco porque, quando ocorrem vazamentos ou quedas, são necessários cuidados especiais.

O transporte dos cilindros deve ser feito sempre em carrinhos, seguindo normas de segurança de gases. Devem ser mantidos presos à parede com correntes e cadeados durante todo o tempo de estocagem e de uso. Preferencialmente, devem ser armazenados em depósitos externos, localizados próximos ao laboratório de uso. É preciso sempre desligar a saída de gás no cilindro após o uso. É importante sempre ter um cilindro de reserva e sensores de alerta de vazamento no ambiente do laboratório, além de nunca utilizar cilindros defeituosos, principalmente nas válvulas (CRQ-SP, 2012).

Segundo a NBR 15.526 (ABNT, 2009), todas as válvulas e tubulações de acetileno e de gases corrosivos devem ser de aço inox, e todas as tubulações para o GLP devem atender a essa mesma norma.

5.5 Incompatibilidade de gases

Em um laboratório químico que trabalha com grande quantidade de gases, o correto armazenamento dos cilindros é crucial para garantir a segurança do ambiente, pois muitos gases são incompatíveis, e, caso essas incompatibilidades não sejam respeitadas, graves acidentes podem ocorrer.

Mesmo em concentrações baixas, quando em contato com o ar, muitos gases podem formar uma mistura explosiva que, em contato com uma pequena faísca ou centelha, pode iniciar um incêndio e uma explosão. São exemplos de alguns gases com essas características e suas proporções perigosas com o ar:

- Amoníaco (16-27%)
- Gás sulfídrico (4,3-45,5%)
- GLP (1,6-9,5%)

☐ Hidrogênio (4,1-74%)
☐ Metano (5,3-13,9%)
☐ Propano (2,4-9,5%), entre outros (Verga Filho, 2008)

Alguns gases, como os gases nobres argônio, criptônio, hélio, neônio e xenônio, podem ser armazenados com os demais tipos de gases, pois têm características de não reagir em condições ambientais; já gases como GLP (Gás Liquefeito de Petróleo), acetileno, amoníaco, flúor, hidrogênio, entre outros, têm alta reatividade, principalmente, se estiverem armazenados com outros gases reativos. Nesse caso, o risco aumenta muito, razão por que devem existir locais separados e adequados para esse tipo de armazenamento (Verga Filho, 2008).

Síntese

Neste capítulo, tratamos das principais diferenças entre gás e vapor e de seus potenciais riscos, além das causas de intoxicação por gases mais comuns e as formas de evitá-las.

Indicamos a maneira correta de manusear cilindros de gases sob pressão e como se deve armazená-los com segurança, tanto para o operador quanto para os demais indivíduos do laboratório.

Para concluir o capítulo, apontamos algumas noções de incompatibilidades entre os gases e seus possíveis riscos.

Atividades de autoavaliação

1. Existem diversas formas de intoxicação pelo vazamento de gases e, dependendo de sua classificação, as consequências para a saúde podem ser extremamente graves. Assinale a alternativa correta quanto às formas de intoxicação por gases:
   a) Os gases classificados como irritantes primários exercem um efeito local de irritação, porém não menos grave, pois podem chegar a partes mais internas do trato respiratório, dependendo de sua solubilidade no meio fisiológico.
   b) Os gases classificados como asfixiantes químicos produzem asfixia, mesmo que estejam em pequenas concentrações, pois interferem no funcionamento mecânico dos pulmões.
   c) Os gases classificados como anestésicos provocam depressão do SNC, diminuindo sua atividade e interferindo diretamente no sistema neurotransmissor, mas não existe risco de morte em acidentes com esses tipos de gases.
   d) Os gases classificados como asfixiantes simples são fisiologicamente inertes e perigosos mesmo em pequenas concentrações.
   e) Os gases classificados como irritantes secundários têm ação irritante local e sistêmica, porém não chegam ao SNC de maneira alguma.

2. Assinale a alternativa correta sobre o manuseio de gases sob pressão:
   a) Na falta de um cilindro novo de gás e na necessidade de utilização de determinado gás, pode ser feita a transferência de gases entre cilindros.

b) Não é necessária a utilização de EPIs para o transporte dos cilindros de gás.
c) Deve-se apertar o máximo possível as válvulas ou conexões para evitar vazamentos.
d) A válvula do cilindro pode ser deixada aberta quando ele não estiver em uso, sem que haja problema nessa ação.
e) Deve-se identificar corretamente gases inflamáveis e tóxicos com as devidas etiquetas e placas pertinentes.

3. Saber a diferença entre *gás* e *vapor* é fundamental para manipulá-los dentro de um laboratório químico. Quanto aos conceitos de gás e vapor, assinale a alternativa correta:
a) Gás é toda substância que está em estado líquido em condições normais de temperatura e pressão.
b) Gás é toda substância que está em estado gasoso em condições normais de temperatura e pressão.
c) Vapor é toda substância que está em estado gasoso em condições normais de temperatura e pressão.
d) Vapor é toda substância que está em estado gasoso em condições normais de temperatura e pressão, não tendo forma definida e ocupando todo o espaço em que se encontra.
e) Nenhuma das alternativas anteriores está correta.

4. Existem alguns equipamentos que necessitam de gases sob pressão para funcionar, razão por que devem ser manuseados com cuidado extremo para evitar acidentes. Assinale a alternativa em que estão indicados apenas equipamentos que utilizam gases sob pressão:
a) Fotômetro de absorção atômica e mufla.
b) RMN e espectrômetro de massa.

c) Cromatógrafo gasoso e estufa para secagem de vidrarias.
d) Mufla e RMN.
e) RMN e ultrapurificador de água.

5. Assinale a alternativa correta com relação ao manuseio de gases sob pressão:
    a) Deve-se ter cuidado especial com cilindros de gases comprimidos combustíveis, porém esses cuidados não são necessários no que se refere aos gases inertes.
    b) Os cilindros de gases podem ser acondicionados dentro do laboratório, desde que haja ventilação adequada.
    c) Em situações de vazamento, é sempre importante a presença de ventilação forçada, acionada sem a geração de faísca ou aquecimento.
    d) É obrigatória a identificação dos reguladores de pressão externa e interna, sem a necessidade de se especificar o tipo de gás comprimido.
    e) Quando novos cilindros de gás comprimido são recebidos, deve-se apenas guardá-los em local próprio, sem a necessidade de realizar teste de vazamento, por exemplo.

Atividades de aprendizagem

Questões para reflexão

1. Considerando as principais regras para a utilização de gases sob pressão e para o armazenamento de cilindros, elabore um texto explicativo sobre como proceder quando se recebe uma nova remessa de cilindros para o laboratório.

2. Quais atitudes devem ser tomadas em caso de vazamentos de um gás irritante ou asfixiante para evitar mais problemas aos profissionais do laboratório?

Atividade aplicada: prática

1. Pesquise quais tipos de gases são utilizados no laboratório em que você atua ou estuda e classifique-os como *irritantes*, *asfixiantes* ou *anestésicos*. Depois, avalie possíveis incompatibilidades e se estão armazenados corretamente. Caso não estejam, proponha possíveis ações para reduzir riscos de acidentes com eles.

Capítulo 6

Prevenção de incêndios e primeiros socorros

Acidentes não podem ser corriqueiros em nenhum ambiente de trabalho, entre eles, os laboratórios químicos. No entanto, acidentes podem acontecer e, para agir corretamente nesses casos, é necessário ter uma noção mínima da prevenção de incêndios e de primeiros socorros.

O fato de se utilizar uma grande quantidade de reagentes inflamáveis e altamente reativos proporciona um ambiente em que a possibilidade de incêndios é muito real. Mesmo que todas as normas sejam seguidas, essa hipótese ainda existe e deve ser considerada.

Sendo assim, neste capítulo, apresentaremos informações úteis para que, em situações reais de possíveis acidentes, os profissionais de química estejam preparados para atuar no sentido de salvar a vida de alguém acidentado.

6.1 Principais causas de incêndios em laboratórios

Os cuidados para se evitarem incêndios em laboratórios devem ser muito bem conhecidos por todas as pessoas que frequentam esse ambiente; dessa forma, a prevenção será efetiva e, em caso de acidente, o combate ao incêndio será o mais rápido possível.

O treinamento constante das equipes e um projeto bem-elaborado são determinantes para o sucesso da prevenção de incêndios.

As causas mais comuns de incêndio em laboratórios químicos são: sobrecarga de energia; falta de manutenção geral e, principalmente, na instalação elétrica; tubulações de gás e cabos elétricos muito extensos e/ou muito antigos; presença de chamas; uso incorreto de acendedores; falta de cuidado ao manipular materiais inflamáveis e substâncias altamente reativas; substâncias químicas explosivas e inflamáveis guardadas em geladeiras; mobiliário indevido; muitas substâncias guardadas no laboratório, entre outras (Vidal; Carvalho, 2003).

6.2 Classificação de líquidos combustíveis/inflamáveis

Segundo a Norma Regulamentadora (NR) 20, estabelecida pela Portaria n. 3.214/1978:

> 20.3.1 Líquidos inflamáveis: são líquidos que possuem ponto de fulgor ≤ 60 °C (sessenta graus Celsius).
> 20.3.1.1 Líquidos que possuem ponto de fulgor superior a 60 °C (sessenta graus Celsius), quando armazenados e transferidos aquecidos a temperaturas iguais ou superiores ao seu ponto de fulgor, se equiparam aos líquidos inflamáveis.
> 20.3.2 Gases inflamáveis: gases que inflamam com o ar a 20 °C (vinte graus Celsius) e a uma pressão padrão de 101,3 kPa (cento e um vírgula três quilopascal).
> 20.3.3 Líquidos combustíveis: são líquidos com ponto de fulgor > 60 °C (sessenta graus Celsius) e ≤ 93 °C (noventa e três graus Celsius). (Brasil, 2022a)

Em regra, as substâncias inflamáveis são de origem orgânica, a exemplo de hidrocarbonetos, álcoois, aldeídos e cetonas, para citar alguns.

Ponto de fulgor, ou *flash point* (informação que deve obrigatoriamente estar na FISPQ), é o ponto limítrofe para que a menor fonte de ignição principie incêndio ou explosão. Ela compreende a menor temperatura na qual uma substância libera vapores em quantidades suficientes para que a mistura de vapor e ar logo acima de sua superfície propague uma chama por meio do contato com uma fonte de ignição.

Essa informação é bastante relevante porque, no trabalho com líquidos combustíveis, é preciso atentar para as condições capazes de desencadear incêndio ou explosão, pois lidar com líquidos potencialmente inflamáveis ou explosivos é uma fonte de acidentes evitáveis.

Os gases classificados como inflamáveis inflamam com o ar a 20 °C e a uma pressão padrão de 101,3 kPa. "Para um gás ou vapor queimar é necessário que exista, além da fonte de ignição, uma mistura chamada 'ideal' entre o ar atmosférico (oxigênio) e o gás combustível" (Cetesb, 2022).

Em outras palavras, um gás ou vapor queimam a partir de uma fonte de ignição, porém também é necessária uma mistura "ideal" entre o ar atmosférico e o gás combustível. Essa mistura ideal para promover a queima depende de cada produto, levando em consideração duas constantes, denominadas *limite inferior de inflamabilidade* (LII) e *limite superior de inflamabilidade* (LSI).

O LII é a mínima concentração de gás que, misturada ao ar atmosférico, o qual apresenta 21% de oxigênio em volume de forma constante, é capaz de provocar combustão do produto por meio do contato com uma fonte de ignição.

A concentração do gás com ar atmosférico abaixo do LII apresenta excesso de oxigênio e pequena quantidade de produto para a queima, sem apresentar propriedade de entrar em combustão.

Já o LSI compreende concentração do gás acima da relação ideal para, a partir de uma fonte de ignição, misturar-se ao ar atmosférico e ser capaz de provocar a combustão do produto.

Portanto, a mistura ideal entre gás e ar atmosférico compreende a relação entre ambos, capaz de promover sua inflamabilidade. No Quadro 6.1, apresentamos exemplos de alguns produtos com seus respectivos LII e LSI.

Quadro 6.1 – LII e LSI de alguns produtos inflamáveis

Produto	LII (% em volume)	LSI (% em volume)
Acetileno	2,5	80,0
Benzeno	1,3	7,9
Etanol	3,3	19,0

Fonte: Elaborado com base em Carvalho Jr.; McQuay, 2007.

6.2.1 Situações atípicas

Quando determinados compostos passam a ignição de forma espontânea, simplesmente pelo fato de entrarem em contato com o ar, ocorrem situações atípicas. Essa é, por exemplo, a característica do fósforo branco ou amarelo e do sulfeto de sódio. Para a prevenção de acidentes, é necessária a presença de uma fase líquida.

Entretanto, há os compostos que são incompatíveis quando em contato com a água, permitindo que o composto se torne espontaneamente inflamável. Por exemplo, o sódio metálico reage de forma vigorosa quando em contato com a água, liberando gás hidrogênio, altamente inflamável.

6.3 Problemas em equipamentos elétricos

Algumas situações podem gerar inúmeros riscos em um ambiente laboratorial, a exemplo de problemas com equipamentos elétricos, como aqueles que não recebem a manutenção adequada.

Listamos, a seguir, condutas e situações que podem ocasionar perigo real em laboratórios químicos:

- Realizar qualquer atividade que utilize equipamento elétrico com sobrecarga na rede elétrica.
- Não ter instalado o fio terra, cuja ausência pode gerar correntes circulantes modificando a leitura de equipamento ou danificando circuitos microprocessados.
- A presença de fios desencapados, que podem ocasionar choques elétricos ou curto-circuitos.
- Conectar equipamentos em voltagem errada por falta de identificação ou atenção do operador, por isso devemos utilizar tomadas diferentes para voltagens diferentes (110 V e 220 V).

- Utilizar produtos corrosivos ou voláteis próximo a instrumentos eletrônicos.
- Reparar instrumentos sem desconectá-los da rede elétrica.
- Quebrar vidrarias contendo líquidos condutores ou corrosivos sobre equipamentos e que possam torná-los energizados.
- Descuidar da manutenção de aparelhos e não inspecionar periodicamente o sistema de ventilação, o que pode gerar superaquecimento dos aparelhos e favorecer incêndios (Verga Filho, 2008).

6.4 Noções de primeiros socorros

Apesar de os laboratórios serem locais de risco controlado e controlável, o conhecimento e o cumprimento das normas de segurança podem não ser suficientes para evitar acidentes. Por essa razão, o reconhecimento do tipo de acidente e o conhecimento dos processos de primeiros socorros para serem empregados quando houver necessidade são de extrema importância na atividade de um profissional dessa área.

É imprescindível a consciência de que, embora não se deva movimentar o indivíduo envolvido no acidente até a chegada de ajuda especializada, em algumas situações é de extrema necessidade a prática dos primeiros socorros.

A expressão *primeiros socorros* refere-se à assistência e às providências iniciais que devem ser tomadas em caso de acidentes e que devem ocorrer de modo imediato até a chegada do profissional habilitado. Os primeiros socorros abrangem aplicar medidas e procedimentos adequados com o intuito de manter as funções vitais e evitar que a situação se agrave (Brasil, 2003).

Importante!

Cabe ressaltar que os primeiros socorros não devem ser direcionados somente ao(s) envolvido(s) diretamente no acidente, mas também como forma de apoio psicológico aos funcionários que participaram do evento ou o testemunharam – e, nesse caso, acidentes em um laboratório químico podem ser eventualmente graves ou traumáticos.

Muitas empresas e laboratórios comumente promovem treinamentos continuados em primeiros socorros, a fim de evitar pânico caso haja algum acidente e de dar conhecimento dos procedimentos padrão para conduzir situações desse tipo.

Os laboratórios com essa prática mantêm acessíveis os materiais necessários para a prestação dos primeiros socorros, de acordo com a característica do local e dos riscos identificados. Esses materiais devem ficar sob a vigilância de uma pessoa capacitada e responsável que garanta que tais materiais estejam disponíveis e dentro do prazo de validade.

Os produtos necessários para compor a caixa de emergência são gaze, curativos adesivos, algodão, luvas de procedimento, solução fisiológica estéril, termômetro e fita adesiva microporosa.

A necessidade de saber agir em casos de acidentes e como atendê-los de forma primária, sem acarretar danos ou sequelas, faz parte do Programa de Controle Médico de Saúde Ocupacional (PCMSO). Esse programa é regido pela NR-7, cuja última alteração foi feita pela Portaria n. 6.734, de 9 de março de 2020 (Brasil, 2020a), da Secretaria Especial de Previdência e Trabalho. O principal objetivo desse programa é a promoção e a prevenção da saúde do trabalhador por meio de acompanhamentos de exames médicos periódicos, bem como de atividades desenvolvidas dentro da empresa, as quais devem ser planejadas – se necessário, executadas – e relatadas anualmente, a exemplo da capacitação e da execução das atividades de primeiros socorros (Brasil, 2020a).

No Quadro 6.2, indicamos os tipos de acidente mais corriqueiros e como agir caso eles ocorram.

Quadro 6.2 – Tipos comuns de acidentes e atitudes imediatas

Tipo de acidente	Procedimento imediato
Pequenos cortes	Lavar o local atingido, eliminar estilhaços do redor e tentar conter o sangramento por tamponamento com gaze. Consultar os serviços médicos ou levar diretamente à emergência médica.
Salpicos e queimaduras químicas superficiais	Lavar abundantemente a área afetada com água corrente para facilitar a remoção de produtos químicos, usando o chuveiro de emergência. Remover o vestuário contaminado. Consultar os serviços médicos ou levar diretamente à emergência médica.

(continua)

(Quadro 6.2 – continuação)

Tipo de acidente	Procedimento imediato
Queimaduras térmicas ou com fogo	Em queimaduras com fogo, abafar a chama, eventualmente fazendo o acidentado rolar no chão, e usar chuveiro de emergência quando possível. Consultar os serviços médicos ou levar diretamente à emergência médica.
Salpicos de reagentes químicos nos olhos	Lavar com soro fisiológico ou água de esguicho próprio (frasco lavador), lava-olhos, mantendo as pálpebras afastadas com a ajuda de dois dedos para que o jato de água seja tangencial ao globo ocular. Consultar os serviços médicos ou levar diretamente à emergência médica.
Inalação de substâncias tóxicas	Afastar o acidentado do local contaminado, aliviando-lhe o vestuário no pescoço e na cintura. Consultar os serviços médicos ou levar diretamente à emergência médica.
Ingestão de reagentes (sólidos ou líquidos)	Bochechar com água, sem ingerir, se a contaminação for apenas bucal. Consultar os serviços médicos ou levar diretamente à emergência médica. Caso tenha havido ingestão, deslocar-se rapidamente para o hospital.
Elétrico	Desligar a corrente/o quadro de eletricidade antes de socorrer o acidentado. Se não for possível, colocar debaixo dos pés material isolante e afastar a vítima da fonte com um cabo de vassoura ou uma cadeira de madeira. Não utilizar materiais metálicos ou úmidos. Consultar os serviços médicos ou levar diretamente à emergência médica.

(Quadro 6.1 - conclusão)

Tipo de acidente	Procedimento imediato
Estado de choque	O estado de choque pode resultar de um acidente físico ou de um distúrbio emocional, cujos sintomas podem ser prostração, palidez, pele úmida e fria, debilidade, tonturas, ansiedade ou problemas de visão. A vítima deve ser colocada em posição horizontal, com os pés num plano ligeiramente superior, ao mesmo tempo que se deve tentar tranquilizá-la a fim de diminuir a ansiedade. Em seguida, deve ser deslocada até ao hospital.

Fonte: Elaborado com base em Brasil, 2003.

6.4.1 Queimaduras

As queimaduras profundas, dependendo de sua extensão, podem oferecer grande risco à vida das pessoas acometidas, isto é, quanto maior for a extensão, maiores serão os riscos. É importante lembrar que uma mesma pessoa pode ter diferentes intensidades de queimaduras e cada uma delas deve ser tratada de forma distinta.

As queimaduras podem ser de primeiro, segundo e terceiro graus, cada um com gravidade distinta e forma de tratamento específica.

De acordo com o *Manual de primeiros socorros*, publicado pelo Ministério da Saúde e pela Fundação Oswaldo Cruz (Brasil, 2003), as queimaduras de primeiro grau caracterizam-se pela presença de pele avermelhada (eritema), que fica clara quando pressionada. Frequentemente formam-se bolhas e pode haver dor e inchaço local (edema).

As queimaduras de segundo grau apresentam maior comprometimento tecidual, inclusive com a destruição desse tecido. A área da queimadura fica bastante inchada e avermelhada, com comprometimento vascular e necrose em alguns casos, dependendo da profundidade da queimadura (Brasil, 2003).

A queimadura de terceiro grau é de extrema gravidade, porque atinge partes importantes de tecido epitelial, vascular e até ósseo. Quando ocorrem, há a destruição de terminações nervosas na região afetada, razão por que não há dor constante, apenas uma dor inicial aguda durante o processo de queimadura, o que não exclui a gravidade do ferimento (Brasil, 2003).

Para atender ao queimado, inicialmente, deve-se acionar o atendimento especializado. Em seguida, cuidar da própria segurança na extinção das chamas, levando em consideração a possível produção de gases tóxicos e fumaça asfixiante. Deve-se extinguir as chamas sobre a vítima e suas roupas, retirá-la do ambiente e remover as roupas que não estejam aderidas, promover o resfriamento do corpo e da lesão até a chegada do serviço de atendimento móvel.

6.4.2 Materiais perfurocortantes

Os cuidados com os materiais perfurocortantes precisam ser constantes, pois, muitas vezes, os profissionais do laboratório têm contato direto com eles em seu trabalho diário ou por meio de algum material danificado, por exemplo, uma vidraria quebrada.

A forma correta de evitar acidentes com materiais perfurocortantes é:

a. Proteger as mãos com luvas adequadas e, sem dúvida, tomar os devidos cuidados na manipulação, nunca voltando o instrumento contra o próprio corpo.
b. Apoiar adequadamente em superfície firme antes de utilizar os instrumentos perfurantes, ou prender em equipamentos adequados para cada tipo de uso. (Espírito Santo, 2019, p. 34)

Como formas de atendimento em acidentes desse tipo, é preciso seguir algumas medidas básicas:

- Observar com atenção o local lesionado buscando identificar possíveis hemorragias, a causa da lesão, a presença de corpos estranhos e a presença de objetos transfixados.
- Aplicar um curativo para manter a ferida limpa e protegida, prevenir uma possível infecção, facilitar a cicatrização, absorver secreção existente e facilitar a drenagem da ferida (Unifenas, 2007).

6.4.3 Lesões oculares

Esse tipo de ferimento pode ser provocado por corpos estranhos, queimaduras por calor, excesso de luminosidade e contato com agentes químicos, bem como por meio de lacerações e contusões. Em casos graves, pode haver extrusão do globo ocular, ou seja, ele pode ser exteriorizado de sua órbita.

Em caso de acidentes na região ocular, deve-se proceder da seguinte maneira:

- Irrigar a região ocular por vários minutos com soro fisiológico nos casos de lesão por agentes químicos ou na presença de corpos estranhos.
- Não utilizar nenhum medicamento tópico sem indicação médica.
- Não remover corpos estranhos. Realizar a estabilização com curativos apropriados.
- Realizar a oclusão ocular bilateral com gaze umedecida para reduzir a movimentação ocular e evitar o agravamento de lesões.
- Não tentar recolocar o globo ocular em caso de extrusão.
- Remover lentes de contato somente em vítimas que estiverem inconscientes, sem lesão ocular e com tempo de transporte prolongado (Brasil, 2003).

6.4.4 Intoxicação

Existem várias formas de intoxicação, entre elas, por inalação e por ingestão de substâncias tóxicas.

Figura 6.1 – Símbolo indicativo de produtos tóxicos

JONGSUK/Shutterstock

Uma das principais formas de intoxicação por inalação é a causada pelo monóxido de carbono (CO), um gás inodoro resultante da combustão de diversos materiais e presente na fumaça proveniente do escapamento dos automóveis.

A intoxicação por monóxido de carbono pode ser classificada em grau leve, quando a pessoa apresenta quadros de dor de cabeça e dispneia ao esforço; grau moderado, quando a dispneia pode ser em repouso, além de tontura e irritabilidade; e grau severo, quando a pessoa pode ter confusão mental, apneia, convulsões, parada cardiorrespiratória, com risco de morte em casos extremos (Brasil, 2003).

As principais condutas em casos de intoxicação por monóxido de carbono são as seguintes:

- Retirar a vítima do ambiente contaminado e levá-la para um local arejado.
- Lavar a vítima com água corrente para neutralizar os locais de depósito de gás, como cabelos, unhas e orelhas.
- Verificar os sinais vitais.
- Encaminhar a vítima à assistência de saúde o mais rápido possível.

Outros tipos de intoxicação podem ocorrer pela ingestão ou pelo contato com produtos químicos, como álcalis, ácidos e solventes derivados do petróleo.

Em casos de intoxicação por álcalis e ácidos, não se pode induzir o vômito nem utilizar substâncias neutralizantes. Em pessoas conscientes, é necessário induzir a ingestão de água e, em todos os casos, chamar os serviços de assistência à saúde o mais rápido possível.

Quando ocorrer intoxicação por derivados do petróleo, é extremamente importante não dar nada para a vítima beber e, em caso de vômito, colocá-la em posição de recuperação. Nunca se deve induzi-la ao vômito. E é indispensável chamar imediatamente os serviços de saúde (Unifenas, 2007).

Em caso de contato de ácidos e álcalis com a pele, deve-se lavar o local por aproximadamente 15 minutos, utilizando água corrente, e nunca utilizar substâncias neutralizantes. Em seguida, encaminhar a vítima o mais rapidamente possível para assistência especializada, principalmente se a área afetada for extensa (Unifenas, 2007).

6.4.5 Choque elétrico

O acidente por choque elétrico pode ser muito grave, não apenas para o acidentado, mas também para quem realiza o socorro, caso essa pessoa não esteja capacitada para a operação.

Figura 6.2 – Símbolo indicativo de alta voltagem

Os principais sintomas associados ao choque elétrico são divididos em efeitos gerais e complicações graves. Entre os **efeitos gerais**, os mais comuns são mal-estar geral, náusea, sensação angustiante, cãibras em extremidades, formigamento nos membros, ardência ou falta de sensibilidade na pele, cefaleia, vertigem, arritmias, dispneia e escotomas cintilantes (manchas ou pontos brilhantes que flutuam no campo visual). As **complicações graves** podem ser a parada cardíaca e a parada respiratória, além de queimaduras e traumatismos diversos, como traumatismo de crânio e rupturas de órgãos internos. Dependendo da intensidade do choque elétrico recebido, em muitos casos, a pessoa pode morrer (Brasil, 2003).

Como parte dos primeiros socorros para vítimas acidentadas por choque elétrico, deve-se, primeiramente, cortar a corrente elétrica que originou o choque, tomando todo o cuidado para não ser afetado por ela. Outras recomendações para atendimento de pessoas que receberam uma descarga elétrica são:

- Caso não seja possível desligar a corrente elétrica, tentar afastar a vítima da fonte de energia sempre utilizando alguma luva de borracha grossa ou algum material isolante seco, como cabo de vassoura, tapete de borracha, jornal dobrado, panos grossos dobrados, algum tipo de corda, entre outras opções.
- Nunca tocar na vítima até que ela não esteja mais em contato com a corrente elétrica, ou que esta tenha sido interrompida.

- Em caso de parada cardiorrespiratória, iniciar imediatamente as manobras de ressuscitação.
- Insistir nas manobras de ressuscitação, mesmo se a vítima não estiver apresentando recuperação, até que o atendimento especializado chegue.
- Em seguida da ressuscitação cardiorrespiratória, fazer um exame geral da vítima para localizar possíveis queimaduras, fraturas ou lesões decorrentes de queda durante o acidente.
- Atender primeiro a hemorragias, fraturas e queimaduras, seguindo essa ordem (Brasil, 2003).

Síntese

Neste capítulo, apresentamos noções a respeito das principais causas de incêndio em laboratórios químicos, os riscos envolvidos nessas situações e a forma correta de classificar e separar líquidos considerados combustíveis e inflamáveis.

Descrevemos também os principais problemas envolvidos na utilização de equipamentos elétricos, como choques elétricos, possibilidade de faíscas, entre outros riscos.

Finalizamos o capítulo com noções importantes de primeiros socorros em variadas situações pertinentes ao laboratório químico para auxiliar na tomada de decisão dos indivíduos que atuam nesses ambientes de trabalho.

Atividades de autoavaliação

1. Quais condutas devem ser seguidas em caso de acidentes graves por choque elétrico em ambientes laboratoriais?
   a) Puxar imediatamente o acidentado para longe dos fios ou local que causou o choque e, em seguida, procurar desligar a corrente elétrica.
   b) Iniciar manobras de ressuscitação imediatamente após a constatação de parada cardiorrespiratória, antes mesmo de chamar atendimento especializado.
   c) Em casos de problemas decorrentes do choque elétrico, a ordem correta de atendimento é: fraturas, queimaduras e hemorragias.
   d) Em acidentes por choque elétrico, desligar a corrente elétrica é o terceiro passo que deve ser seguido. Antes, deve-se pensar no atendimento dos ferimentos da vítima.
   e) Um cabo de vassoura pode ser usado para afastar cabos de energia da vítima, sem a necessidade de mais cuidados, como checar se ela está molhada ou não.

2. Assinale a alternativa correta sobre casos de intoxicação ocorrida dentro de um laboratório químico:
   a) Quando a pessoa se intoxica por algum solvente derivado do petróleo, o correto é dar algo para ela beber, pois será mais fácil desintoxicar a vítima.
   b) Quando ocorre o contato de ácidos na pele da pessoa, recomenda-se utilizar imediatamente algum reagente neutralizante.

c) A única ação que deve ser tomada em casos de intoxicação por monóxido de carbono é a retirada da pessoa intoxicada do local de exposição.

d) A pessoa intoxicada por ingestão de ácidos ou álcalis não deve ser induzida ao vômito nem beber solução neutralizante alguma.

e) Independentemente do nível de intoxicação por monóxido de carbono, não é necessário o contato com equipes de assistência à saúde; apenas um atendimento local é o suficiente.

3. Acidentes com a ocorrência de queimaduras podem ser corriqueiros em um ambiente de laboratórios químicos, caso não sejam tomados os cuidados necessários. Assinale a alternativa correta com relação às queimaduras:

a) Uma queimadura de segundo grau apresenta considerável comprometimento tecidual, havendo a destruição desse tecido e o comprometimento vascular, dependendo de sua profundidade, além de área necrosada.

b) As queimaduras podem ser divididas em primeiro, segundo, terceiro e quarto graus.

c) Queimaduras de primeiro grau são aquelas mais graves, ou seja, aquelas em que o comprometimento tecidual é muito grande, inclusive com exposição de tecido ósseo.

d) As queimaduras de terceiro grau são aquelas em que ocorre apenas uma pequena vermelhidão e ardência no local afetado.

e) A gravidade de uma queimadura não depende de sua extensão, apenas do seu grau de intensidade.

4. Assinale a alternativa correta sobre acidentes que provocam lesões oculares:
   a) Na lesão por agentes químicos ou na presença de corpos estranhos, pode ocorrer a piora do quadro clínico da pessoa acidentada caso seja feita a irrigação ocular usando soro fisiológico.
   b) Em acidentes oculares, o correto é utilizar algum medicamento tópico que alivie os sintomas.
   c) Não se pode remover corpos estranhos do olho lesionado, o mais adequado é estabilizá-lo com curativos apropriados.
   d) Não se pode tentar reduzir a movimentação ocular, pois isso pode agravar a lesão.
   e) Deve-se remover lentes de contato de todas as vítimas, mesmo as que apresentarem lesão ocular aparente.

5. Entre as principais causas de incêndios em laboratórios químicos, é possível destacar atitudes incorretas ou esquipamentos e espaços indevidos para as operações. Assinale a alternativa correta sobre possíveis causas de incêndio em laboratórios químicos:
   a) Sobrecarga de energia e falta de manutenção na instalação elétrica.
   b) Tubulações de gás e cabos elétricos muito extensos e antigos.
   c) Presença de chamas e uso incorreto de acendedores.
   d) Falta de cuidado ao manipular materiais inflamáveis e substâncias altamente reativas, além de excesso de substâncias guardadas no laboratório.
   e) Todas as alternativas anteriores estão corretas.

Atividades de aprendizagem

Questões para reflexão

1. Quais atitudes devem ser tomadas em caso de acidentes como choque elétrico ou derramamento de um ácido?

2. Você sabe como conduzir as atividades laboratoriais mantendo a segurança necessária para evitar acidentes? Por exemplo, quais são as condutas indicadas para se trabalhar com aquecimento em chama, evitando riscos de incêndio ou queimadura?

Atividade aplicada: prática

1. Elabore uma lista de produtos no laboratório em que realiza suas atividades, separando-os de acordo com a capacidade de cada um deles de causar danos à saúde. Em seguida, especifique, para cada produto, as principais condutas de primeiros socorros que devem ser seguidas em caso de acidentes. Baseando-se nessas informações, elabore um manual prático para ser consultado e seguido no laboratório.

Considerações finais

Neste escrito, discutimos as situações vivenciadas pelos profissionais da química em suas práticas diárias no ambiente de laboratório químico.

Para atender a esse objetivo, no Capítulo 1, tratamos das principais formas de atuação do químico em laboratórios, indicando o *layout* adequado e outras especificações técnicas a fim de que ele reconheça esse espaço de trabalho. Para aprofundar o tema, expusemos as principais exigências relacionadas à eletricidade e à hidráulica, além das legislações relacionadas a elas.

Reconhecendo a necessidade de todo profissional de laboratórios químicos conhecer o que fazer para exercer suas funções com segurança individual e coletiva, no Capítulo 2, discorremos sobre os riscos que justificam a importância do uso de equipamentos de proteção individual (EPIs) e de equipamentos de proteção coletiva (EPCs) e os principais tipos desses equipamentos.

Como ressaltamos em várias passagens, as boas práticas de laboratório, tema principal do Capítulo 3, são fundamentais. Fundamentamos, nessa parte da obra, a conduta correta do profissional de um laboratório químico, até mesmo para que conheça os riscos de seu trabalho e como estes podem levar a casos de incêndio. Para concluir, abordamos algumas noções de primeiros socorros em caso de acidentes.

O uso de produtos químicos e reagentes é constante no exercício dessa profissão; por isso, no Capítulo 4, tratamos das atitudes corretas de quem atua em um laboratório químico com relação ao manuseio e ao descarte dessas substâncias.

No Capítulo 5, abordamos os trabalhos relacionados à utilização de gases, aos cuidados na manipulação de cilindros, às possíveis incompatibilidades entre gases e às situações que podem oferecer risco de incêndio ou explosão.

Como desdobramento dessas temáticas, no Capítulo 6, além de versarmos sobre as possíveis causas de incêndios, indicamos como preveni-los, apresentando mais algumas noções de primeiros socorros em casos de acidentes.

Você agora tem condições de atuar em laboratórios químicos de forma mais segura, seguindo os protocolos baseados nas boas práticas de laboratório. No entanto, como alertamos ao longo desta obra, o estudo e a atualização sobre a segurança no trabalho devem ser constantes.

Bibliografia comentada

BRASIL. Ministério da Saúde. Fiocruz – Fundação Oswaldo Cruz. Vice-Presidência de Serviços de Referência e Ambiente. Núcleo de Biossegurança. **Manual de primeiros socorros**. Rio de Janeiro: Fiocruz, 2003. Disponível em: <http://www.fiocruz.br/biosseguranca/Bis/manuais/biosseguranca/manualdeprimeirossocorros.pdf>. Acesso em: 28 nov. 2022.

Esse manual lista as principais atitudes que devem ser tomadas para a prática de primeiros socorros em casos de acidentes, o que contribui para a segurança nas práticas laboratoriais.

CIENFUEGOS, F. **Segurança no laboratório**. Rio de Janeiro: Interciência, 2001.

Esse livro apresenta diversos conceitos básicos de segurança e os riscos envolvidos em diversas técnicas empregadas em um laboratório.

COMMITTEE ON CHEMICAL MANAGEMENT TOOLKIT EXPANSION. Standard Operating Procedures. Board on Chemical Sciences and Technology. Division on Earth and Life Studies. National Academies of Sciences, Engineering and Medicine. **Chemical Laboratory Safety and Security**: a Guide to Developing Standard Operating Procedures. Washington (DC): National Academies Press, 2016.

Esse é um guia muito prático para auxiliar na padronização de procedimentos em um laboratório químico.

CROWL, D. A.; LOUVAR, J. L. **Segurança de processos químicos**: fundamentos e aplicações. 3. ed. Rio de Janeiro: LTC, 2015.

Nessa obra, os autores detalham processos químicos e sua segurança, com ênfase em processos modernos e atuais.

FIOROTTO, N. R. **Técnicas experimentais em química**: normas e procedimentos. São Paulo: Érica, 2014.

Nesse material, são descritos itens utilizados em laboratórios químicos e riscos no manuseio de reagentes, vidrarias, equipamentos e demais itens pertinentes aos laboratórios.

GONÇALVES, I. C.; GONÇALVES, D. C.; GONÇALVES, E. A. **Manual de segurança e saúde no trabalho**. 7. ed. São Paulo: LTr, 2018.

Nesse manual, os autores versam sobre situações relacionadas à segurança e à saúde no trabalho, comentando sobre rotinas, procedimentos, entre outros, incluindo os fundamentos jurídicos relacionados a essas situações.

MORITA, T.; ASSUMPÇÃO, R. M. V. **Manual de soluções, reagentes e solventes**: padronização, preparação, purificação, indicadores de segurança e descarte de produtos químicos. 2. ed. São Paulo: Blucher, 2007.

Esta é uma publicação bastante importante e prática sobre o preparo e a padronização de soluções, com destaque para a toxicidade e a periculosidade dos reagentes químicos.

Lista de siglas

ABNT – Associação Brasileira de Normas Técnicas
ABPA – Associação Brasileira para Prevenção de Acidentes
ANTT – Agência Nacional de Transporte Terrestres
Anvisa – Agência Nacional de Vigilância Sanitária
CFQ – Conselho Federal de Química
Cipa – Comissão Interna de Prevenção de Acidentes
CLT – Consolidação das Leis do Trabalho
CNTP – condições normais de temperatura e pressão
Conama – Conselho Nacional do Meio Ambiente
EPC – equipamento de proteção coletiva
EPI – equipamento de proteção individual
FISPQ – Ficha de Segurança de Produtos Químicos
GHS – Sistema Globalmente Harmonizado de Classificação e Rotulagem de Produtos Químicos/*Globally Harmonized System of Classification and Labelling of Chemicals*
Inmetro – Instituto Nacional de Metrologia, Qualidade e Tecnologia
LII – limite inferior de inflamabilidade
LSI – limite superior de inflamabilidade
MOPP – Movimentação Operacional de Produtos Perigosos
NR – Norma Regulamentadora
OCDE – Organização para a Cooperação e Desenvolvimento Económico
OIT – Organização Internacional do Trabalho
OMS – Organização Mundial da Saúde

ONU – Organização das Nações Unidas
PCMSO – Programa de Controle Médico de Saúde Ocupacional
PFF – peça semifacial filtrante
PPRA – Programa de Prevenção de Riscos Ambientais
RMN – ressonância magnética nuclear
SNC – sistema nervoso central

Referências

ABNT – Associação Brasileira de Normas Técnicas. **NBR 7.500**: identificação para o transporte terrestre, manuseio, movimentação e armazenamento de produtos. Rio de Janeiro, 2017a.

ABNT – Associação Brasileira de Normas Técnicas. **NBR 9.800**: critérios para lançamento de efluentes líquidos industriais no sistema coletor público de esgoto sanitário: procedimento. Rio de Janeiro, 1987.

ABNT – Associação Brasileira de Normas Técnicas. **NBR 10.004**: resíduos sólidos – classificação. Rio de Janeiro, 2004.

ABNT – Associação Brasileira de Normas Técnicas. **NBR 12.543**: equipamentos de proteção respiratória – classificação. Rio de Janeiro, 2017b.

ABNT – Associação Brasileira de Normas Técnicas. **NBR 13.698**: equipamento de proteção respiratória – peça semifacial filtrante para partículas. 2. ed. Rio de Janeiro, 2011.

ABNT – Associação Brasileira de Normas Técnicas. **NBR 14.725**: produtos químicos – Informações sobre segurança, saúde e meio ambiente. 3. ed. Rio de Janeiro, 2014.

ABNT – Associação Brasileira de Normas Técnicas. **NBR 15.526**: redes de distribuição interna para gases combustíveis em instalações residenciais – projeto e execução. Rio de Janeiro, 2009.

ANTT – Agência Nacional de Transportes Terrestres. Resolução n. 5.947, de 1º de junho de 2021. **Diário Oficial da União**, Brasília, DF, 2 jun. 2021. Disponível em:<https://www.in.gov.br/en/web/dou/-/resolucao-n-5.947-de-1-de-junho-de-2021-323561273>. Acesso em: 29 nov. 2022.

ANVISA – Agência Nacional de Vigilância Sanitária. Resolução da Diretoria Colegiada n. 33, de 25 de fevereiro de 2003. **Diário Oficial da União**, Brasília, DF, 5 mar. 2003. Disponível em: <https://www.cff.org.br/userfiles/file/resolucao_sanitaria/33.pdf>. Acesso em: 16 out. 2022.

ANVISA – Agência Nacional de Vigilância Sanitária. Resolução da Diretoria Colegiada n. 306, de 7 de dezembro de 2004. **Diário Oficial da União**, Brasília, DF, 10 dez. 2004. Disponível em: <https://bvsms.saude.gov.br/bvs/saudelegis/anvisa/2004/res0306_07_12_2004.html>. Acesso em: 29 nov. 2022.

ARAÚJO, S. A. de. **Manual de biossegurança**: boas práticas nos laboratórios de aulas práticas na área básica das ciências biológicas e da saúde. Universidade Potiguar, Natal, 2009. Disponível em: <http://unp.br/arquivos/pdf/institucional/docinstitucionais/manuais/manualdebioseguranca.pdf>. Acesso em: 20 jun. 2022.

ASSUMPÇÃO, J. C. Manipulação e estocagem de produtos químicos e materiais radioativos. In: ODA, L. M.; AVILA, S. M. (Org.). **Biossegurança em laboratórios de saúde pública**. Brasília, DF: Ministério da Saúde, 1998. p. 77-103.

BEATRIZ, M. de L. P. de M. A. **Materiais reagentes – Aula 4**. Apostila. Disponível em: <https://cesad.ufs.br/ORBI/public/uploadCatalago/14490231052012Laboratorio_de_Quimica_Aula_4.pdf>. Acesso em: 29 nov. 2022.

BORGES, A. G. Segurança em laboratório químico. **Minicursos**, CRQ-IV, São José do Rio Preto, 2009. Apostila. Disponível em <http://www.crq4.org.br/sms/files/file/mini_seg_lab_2009.pdf>. Acesso em: 10 set. 2022

BRASIL. Conselho Nacional de Educação. Câmara de Educação Superior. Resolução n. 8, de 11 de março de 2002. **Diário Oficial da União**, Brasília, DF, 26 mar. 2002. Disponível em: <http://portal.mec.gov.br/cne/arquivos/pdf/CES08-2002.pdf>. Acesso em: 27 nov. 2022.

BRASIL. Decreto n. 1.313, de 17 de janeiro de 1891. **Coleção de Leis do Brasil**, 1891. Disponível em: <https://www2.camara.leg.br/legin/fed/decret/1824-1899/decreto-1313-17-janeiro-1891-498588-publicacaooriginal-1-pe.html>. Acesso em: 27 nov. 2022.

BRASIL. Decreto n. 3.724, de 15 de janeiro de 1919. **Diário Oficial da União**, Rio de Janeiro, RJ, 18 jan. 1919. Disponível em: <https://www2.camara.leg.br/legin/fed/decret/1910-1919/decreto-3724-15-janeiro-1919-571001-publicacaooriginal-94096-pl.html>. Acesso em: 27 nov. 2022.

BRASIL. Decreto-Lei n. 5.452, 1º de maio de 1943. **Diário Oficial da União**, Poder Executivo, Rio de Janeiro, RJ, 9 ago. 1943. Disponível em: <http://www.planalto.gov.br/ccivil_03/decreto-lei/del5452compilado.htm>. Acesso em: 27 nov. 2022.

BRASIL. Decreto-Lei n. 7.036, de 10 de novembro de 1944. **Diário Oficial da União**, Rio de Janeiro, RJ, 13 nov. 1944. Disponível em: <https://www2.camara.leg.br/legin/fed/declei/1940-1949/decreto-lei-7036-10-novembro-1944-389493-publicacaooriginal-1-pe.html>. Acesso em: 27 nov. 2022.

BRASIL. Lei n. 6.514, de 22 de dezembro de 1977. **Diário Oficial da União**, Poder Legislativo, Brasília, DF, 23 dez. 1977. Disponível em: <http://www.planalto.gov.br/ccivil_03/leis/l6514.htm>. Acesso em: 16 set. 2022.

BRASIL. Portaria SSST nº 25 de 29 de dezembro de 1994. Segurança e Medicina do Trabalho–NR 9–Riscos Ambientais–Aprovação. **Diário Oficial da União**, Brasília, DF, 30 de dezembro de 1994. Disponível em https://www.legisweb.com.br/legislacao/?id=181316

BRASIL. Lei n. 13.103, de 2 de março de 2015. **Diário Oficial da União**, Poder Legislativo, Brasília, DF, 3 mar. 2015. Disponível em: <http://www.planalto.gov.br/ccivil_03/_ato2015-2018/2015/lei/l13103.htm>. Acesso em: 29 nov. 2022.

BRASIL. Ministério da Economia. Secretaria Especial de Previdência e Trabalho. Portaria n. 6.734, de 9 de março de 2020. **Diário Oficial da União**, Brasília, DF, 13 mar. 2020a. Disponível em: <https://www.gov.br/trabalho-e-previdencia/pt-br/composicao/orgaos-especificos/secretaria-de-trabalho/inspecao/seguranca-e-saude-no-trabalho/sst-portarias/2020/portaria_seprt_6-734_-altera_a_nr_07.pdf>. Acesso em: 30 nov. 2022.

BRASIL. Ministério da Economia. Secretaria Especial de Previdência e Trabalho. Portaria n. 6.735, de 10 de março de 2020. **Diário Oficial da União**, Brasília, DF, 12 mar. 2020b. Disponível em: <https://www.in.gov.br/en/web/dou/-/portaria-n-6.735-de-10-de-marco-de-2020-247539132>. Acesso em: 27 nov. 2022.

BRASIL. Ministério da Saúde. Fiocruz –Fundação Oswaldo Cruz. Vice-Presidência de Serviços de Referência e Ambiente. Núcleo de Biossegurança. **Manual de primeiros socorros**. Rio de Janeiro: Fiocruz, 2003. Disponível em: <http://www.fiocruz.br/biosseguranca/Bis/manuais/biosseguranca/manualdeprimeirossocorros.pdf>. Acesso em: 28 nov. 2022.

BRASIL. Ministério do Trabalho. Portaria n. 3.214, de 8 de junho de 1978. **Diário Oficial da União**, Brasília, DF, 8 jun. 1978. Disponível em: <https://www.gov.br/trabalho-e-previdencia/pt-br/composicao/orgaos-especificos/secretaria-de-trabalho/inspecao/seguranca-e-saude-no-trabalho/sst-portarias/1978/portaria_3-214_aprova_as_nrs.pdf>. Acesso em: 28 nov. 2022.

BRASIL. Ministério do Trabalho. Secretaria de Inspeção do Trabalho. Portaria n. 221, de 6 de maio de 2011. Alterações na NR-23. **Diário Oficial da União**, Brasília, DF, 10 maio. 2011a. Disponível em: <https://www.gov.br/trabalho-e-previdencia/pt-br/composicao/orgaos-especificos/secretaria-de-trabalho/inspecao/seguranca-e-saude-no-trabalho/normas-regulamentadoras/nr-23.pdf>. Acesso em: 28 nov. 2022.

BRASIL. Ministério do Trabalho. Secretaria de Inspeção do Trabalho. Portaria n. 222, de 6 de maio de 2011. **Diário Oficial da União**, Brasília, DF, 10 maio. 2011b. Disponível em: <https://www.in.gov.br/en/web/dou/-/portaria-n%C2%BA-222-de-6-de-maio-de-2019-87304779>. Acesso em: 7 out. 2022.

BRASIL. Ministério do Trabalho. Secretaria de Segurança e Saúde no Trabalho. Portaria n. 25, de 29 de dezembro de 1994. **Diário Oficial da União**, Brasília, DF, 30 dez. 1994. Disponível em: <https://www.normasbrasil.com.br/norma/portaria-25-1994_180705.html>. Acesso em: 27 nov. 2022.

BRASIL. Ministério do Trabalho e Emprego. Secretaria de Inspeção do Trabalho. Portaria n. 229, de 24 de maio de 2011. **Diário Oficial da União**, Brasília, DF, 27 maio. 2011c. Disponível em: <http://www.normaslegais.com.br/legislacao/portariasit229_2011.htm>. Acesso em: 28 nov. 2022.

BRASIL. Ministério do Trabalho e Emprego. Secretaria Especial de Previdência e Trabalho. Portaria n. 915, de 30 de julho de 2019. **Diário Oficial da União**, Brasília, DF, 31 jul. 2019. Disponível em: <https://www.in.gov.br/en/web/dou/-/portaria-n-915-de-30-de-julho-de-2019-207941374>. Acesso em: 27 nov. 2022.

BRASIL. Ministério do Trabalho e Previdência. **Normas regulamentadoras – NR**. 22 ago. 2022a. Disponível em: <https://www.gov.br/trabalho-e-previdencia/pt-br/composicao/orgaos-especificos/secretaria-de-trabalho/inspecao/seguranca-e-saude-no-trabalho/ctpp-nrs/normas-regulamentadoras-nrs>. Acesso em: 27 nov. 2022.

BRASIL. Ministério do Trabalho e Previdência. Portaria n. 423, de 7 de outubro de 2021. **Diário Oficial da União**, Brasília, DF, 8 out. 2021. Disponível em: <https://www.in.gov.br/en/web/dou/-/portaria/mtp-n-423-de-7-de-outubro-de-2021-351614985>. Acesso: 28 nov. 2022.

BRASIL. Ministério do Trabalho e Previdência. Portaria n. 2.175, de 28 de julho de 2022. **Diário Oficial da União**, Brasília, DF, 5 ago. 2022b. Disponível em: <https://www.gov.br/trabalho-e-previdencia/pt-br/composicao/orgaos-especificos/secretaria-de-trabalho/inspecao/seguranca-e-saude-no-trabalho/normas-regulamentadoras/nr-06-atualizada-2022.pdf>. Acesso em: 7 out. 2022.

BRASIL. Ministério do Trabalho e Previdência. Portaria n. 2.770, de 5 de setembro de 2022. **Diário Oficial da União**, Brasília, DF, 6 set. 2022c. Disponível em: <https://www.in.gov.br/en/web/dou/-/portaria-mtp-n-2.770-de-5-de-setembro-de-2022-427280386>. Acesso em: 29 nov. 2022.

CARVALHO JR., J. A.; MCQUAY. M. Q. **Princípios de combustão aplicada**. Florianópolis: Ed. da UFSC, 2007.

CETESB – Companhia Ambiental do Estado de São Paulo. **Emergências químicas**: líquidos inflamáveis. Disponível em: <https://cetesb.sp.gov.br/emergencias-quimicas/aspectos-gerais/perigos-associados-as-substancias-quimicas/liquidos-inflamaveis/>. Acesso em: 30 nov. 2022.

CFQ – Conselho Federal de Química. Resolução Normativa n. 36, de 25 de abril de 1974. **Diário Oficial da União**. Brasília, DF, 13 maio 1974. Disponível em: <https://cfq.org.br/wp-content/uploads/2018/12/Resolu%C3%A7%C3%A3o-Normativa-n%C2%BA-36-de-25-de-abril-de-197466666666666.pdf>. Acesso em: 27 nov. 2022.

CIENFUEGOS, F. **Segurança no laboratório**. Rio de Janeiro: Interciência, 2001.

CODE OF Safety Regulations. School of Chemical Sciences, University of East Anglia, Norwich, 1996. Disponível em: <https://archive.uea.ac.uk/~c032/ueanetwk/DOCS/Safety%20Regs%202001.pdf>. Acesso em: 16 set. 2022.

COMMITTEE ON CHEMICAL MANAGEMENT TOOLKIT EXPANSION. Standard Operating Procedures. Board on Chemical Sciences and Technology. Division on Earth and Life Studies. National Academies of Sciences, Engineering, and Medicine. **Chemical Laboratory Safety and Security**: a Guide to Developing Standard Operating Procedures. Washington (DC): National Academies Press, 2016.

CONAMA – Conselho Nacional do Meio Ambiente. Resolução n. 430, de 13 de maio de 2011. **Diário Oficial da União**, Brasília, DF, 16 maio. 2011. Disponível em: <https://www.legisweb.com.br/legislacao/?id=114770>. Acesso em: 29 nov. 2022.

CROWL, D. A.; LOUVAR, J. L. **Segurança de processos químicos**: fundamentos e aplicações. 3. ed. Rio de Janeiro: LTC, 2015.

CRQ-SP. Conselho Regional de Química IV Região-SP. **Guia de laboratório para o ensino de química**: instalação, montagem e operação. São Paulo: CRQ-IV, 2007. Disponível em: <https://www.crq4.org.br/downloads/selo_guia_lab.pdf>. Acesso em: 11 out. 2022.

CRQ-SP – Conselho Regional de Química IV Região-SP. **Guia de laboratório para o ensino de química**: instalação, montagem e operação. São Paulo: CRQ-IV, 2012.

CRQ-SP – Conselho Regional de Química IV Região-SP. O que faz um químico. **Química Viva**. Disponível em: <https://www.crq4.org.br/o_que_faz_um_quimico>. Acesso em: 28 nov. 2022.

DAVID, L. C. et al. **Manual de biossegurança**. IMS/CAT-UFBA, Programa Permanecer. Disponível em: <http://www.ims.ufba.br/wp-content/uploads/downloads/2012/09/Livro-biosseguranca-IM>. Acesso em: 22 jul. 2022.

DEBACHER, N. A.; SPINELLI, A.; NASCIMENTO, M. da G. **Manual de regras básicas de segurança para laboratórios**. Florianópolis: UFSC, 1998. Parte 1.

ESPÍRITO SANTO. Secretaria de Estado da Saúde. **Manual de biossegurança**. Vitória, ES: Laboratório Central de Saúde Pública do Espírito Santo, 2019. Disponível em: <https://saude.es.gov.br/Media/sesa/LACEN/MAN.NQ01.003%20-%20REV%2003%20-%20MANUAL%20DE%20BIOSSEGURANCA%20.pdf>. Acesso em: 28 nov. 2022.

FIOCRUZ – Fundação Oswaldo Cruz. **Luvas**. Disponível em: <https://www.fiocruz.br/biosseguranca/Bis/lab_virtual/luvas.html>. Acesso em: 28 nov. 2022.

FIOROTTO, N. R. **Técnicas experimentais em química**: normas e procedimentos. São Paulo: Érica, 2014.

FLOGÍSTICO. In: **Michaelis**: dicionário brasileiro de língua portuguesa. Disponível em: <https://michaelis.uol.com.br/moderno-portugues/busca/portugues-brasileiro/flog%C3%ADstico/>. Acesso em: 28 nov. 2022.

FLORES, B. C.; ORNELAS, E. A.; DIAS, L. E. **Fundamentos de combate a incêndio**: manual de bombeiros. Goiânia: Corpo de Bombeiros Militar do Estado de Goiás, 2016. Disponível em: <https://www.bombeiros.go.gov.br/wp-content/uploads/2015/12/cbmgo-1aedicao-20160921.pdf>. Acesso em: 28 nov. 2022.

FUNDACENTRO – Fundação Jorge Duprat Figueiredo de Segurança e Medicina do Trabalho. **Norma de higiene ocupacional**: avaliação dos níveis de iluminamento em ambientes internos de trabalho – procedimento técnico. São Paulo, 2018. Disponível em: <http://www.guiatrabalhista.com.br/tematicas/fundacentro-nho-11.pdf>. Acesso em: 28 nov. 2022.

GONÇALVES, I. C.; GONÇALVES, D. C.; GONÇALVES, E. A. **Manual de segurança e saúde no trabalho**. 7. ed. São Paulo: LTr, 2018.

MAGALHÃES, F. et al. **Equipamentos de proteção coletiva e suas utilidades nos laboratórios, comissão de riscos químicos**. Unifal-MG. Disponível em: <http://www.unifal-mg.edu.br/riscosquimicos/node/72>. Acesso em: 21 jul. 2022.

MORITA, T.; ASSUMPÇÃO, R. M. V. **Manual de soluções, reagentes e solventes**: padronização, preparação, purificação, indicadores de segurança e descarte de produtos químicos. 2. ed. São Paulo: Blucher, 2007.

OIT – Organização Internacional do Trabalho. **Convenção n. 161**, de 7 de junho de 1985. Genebra, Suíça. Disponível em: <https://www.ilo.org/brasilia/convencoes/WCMS_236240/lang pt/index.htm>. Acesso em: 27 nov. 2022.

PAULA, V. R. de; OTENIO, M. H. (Ed.). **Manual de gerenciamento de resíduos químicos**. Juiz de Fora: Embrapa Gado de Leite, 2018. Disponível em: <https://www.embrapa.br/busca-de-publicacoes/-/publicacao/1093598/manual-de-gerenciamento-de-residuos-quimicos>. Acesso em: 29 nov. 2022.

PEIXOTO, N. H.; FERREIRA, L. S. **Higiene ocupacional III**. Santa Maria, RS: UFSM; CTISM; Rede e-Tec Brasil, 2013. Disponível em: <https://www.ufsm.br/unidades-universitarias/ctism/cte/wp-content/uploads/sites/413/2018/11/16_higiene_ocupacional_3.pdf>. Acesso em: 16 out. 2022.

SKRABA, I.; NICKEL, R.; WOTKOSKI, S. R. Barreiras de contenção: EPIs e EPCs. In: MASTROENI, M. F. **Biossegurança aplicada a laboratórios e serviços de saúde**. Rio de Janeiro: Atheneu, 2004.

UFJF – Universidade Federal de Juiz de Fora. **Laboratório de Fundamentos em Química (Biologia) QUI-161**. 2022. Disponível em: <http://www2.ufjf.br/quimica/wp-content/uploads/sites/357/2022/09/Apostila_QUI161_2022_2.pdf>. Acesso em: 29 nov. 2022.

UFSM – Universidade Federal de Santa Maria. **Manual de prevenção de acidentes em laboratórios**. Departamento de Química. Santa Maria, RS: UFSM, 1986.

UNECE – United Nations Economic Commission for Europe. **GHS**. 1. ed. 2003. Disponível em: <https://unece.org/ghs-1st-edition-2003>. Acesso em: 28 nov. 2022.

UNECE – United Nations Economic Commission for Europe. **GHS**. 8. ed. 2019a. Disponível em: <https://unece.org/ghs-rev8-2019>. Acesso em: 16 set. 2022.

UNECE – United Nations Economic Commission for Europe. **Recommendations on the Transport of Dangerous Goods**: Model Regulations. 21. ed. New York; Geneva: United Nations, 2019b. v. I. Disponível em: <https://unece.org/fileadmin/DAM/trans/danger/publi/unrec/rev21/ST-SG-AC10-1r21e_Vol1_WEB.pdf>. Acesso em: 28 nov. 2022.

UNECE – United Nations Economic Commission for Europe. Rótulos e pictogramas. **GHS**. Disponível em: <http://ghs-sga.com/rotulagem-de-produtos-quimicos/rotulos-e-pictogramas/?lang=pt-br>. Acesso em: 29 nov. 2022.

UNICAMP – Universidade Estadual de Campinas. **Manual de segurança para o laboratório de química**. Campinas, SP: Unicamp Cipa/CPI, 1982.

UNICAMP – Universidade Estadual de Campinas. **Segurança em laboratórios químicos**. Diretoria de Segurança do Trabalho – Instituto de Química. Disponível em: <http://www.iqm.unicamp.br/sites/default/files/seg_lab_quimico.pdf>. Acesso em: 11 out. 2022.

UNIFENAS – Universidade José do Rosário Vellano. **Manual de primeiros socorros**. Alfenas, MG: Unifenas, 2007.

VERGA FILHO, A. F. Segurança em laboratório químico. **Minicursos**, Campinas, CRQ-IV, 2008. Disponível em: <https://www.iqm.unicamp.br/arquivos/manual_de_seguran%C3%A7a_em_laboratorio_quimico.pdf>. Acesso em: 30 nov. 2022.

VIDAL, M. S.; CARVALHO, J. M. F. C. Segurança química em laboratórios de pesquisa. **Circular Técnica – Embrapa**, n. 75, Campina Grande, 2003. Disponível em: <https://ainfo.cnptia.embrapa.br/digital/bitstream/CNPA/19625/1/CIRTEC75.PDF>. Acesso em: 30 nov. 2022.

VIEIRA, R. G. L.; SANTOS, B. M. de O.; MARTINS, C. H. G. Riscos físicos e químicos em laboratório de análises clínicas de uma universidade. **Medicina**, Ribeirão Preto, v. 41, n. 4, p. 508-515, 2008. Disponível em: <https://www.revistas.usp.br/rmrp/article/view/295/296>. Acesso em: 28 nov. 2022.

Respostas

Capítulo 1

Atividades de autoavaliação

1. d
2. a
3. a
4. e
5. e

Capítulo 2

Atividades de autoavaliação

1. c
2. a
3. e
4. d
5. e

Capítulo 3
Atividades de autoavaliação
1. b
2. c
3. c
4. a
5. e

Capítulo 4
Atividades de autoavaliação
1. d
2. b
3. e
4. b
5. d

Capítulo 5
Atividades de autoavaliação
1. a
2. e
3. b
4. b
5. c

Capítulo 6

Atividades de autoavaliação

1. b
2. d
3. a
4. c
5. e

Sobre os autores

Daniel Brustolin Ludwig é doutor em Química pela Universidade Estadual do Centro-Oeste (Unicentro), mestre em Ciências Farmacêuticas pela mesma instituição, especialista em Farmácia Magistral e Farmacologia Aplicada à Atenção Farmacêutica pelo Equilibra – Instituto de Capacitação e Especialização e graduado em Farmácia Industrial pela Universidade Tuiuti do Paraná (UTP). Sua área de pesquisa concentra-se em físico-química, fármacos, medicamentos e biociências aplicadas à farmácia. Com experiência na área de indústria farmacêutica e farmácia magistral, com ênfase em análise e controle de medicamentos, é membro da Controlled Release Society (CRS Brazilian Local Chapter) e da Associação Brasileira de Ciências Farmacêuticas (ABCF) e editor-associado da Revista *Infarma – Ciências Farmacêuticas*. Atua como pesquisador nas áreas de nanotecnologia aplicada a produtos naturais e nanobiotecnologia farmacêutica.

Luciana Erzinger Alves de Camargo é doutora em Química pela Universidade Estadual do Centro-Oeste (Unicentro), mestra em Ciências Farmacêuticas na área de Desenvolvimento e Controle de Fármacos, Medicamentos e Correlatos pela mesma instituição e graduada em Farmácia Bioquímica e Indústria pela Pontifícia Universidade Católica do Paraná (PUCPR). Suas pesquisas concentram-se em química orgânica, na linha de pesquisa de produção e avaliação de sistemas nanoestruturados para liberação controlada de compostos. É membro efetivo do Comitê de Ética em Pesquisa com Humanos (Comep) da Unicentro e do Programa de Pós-Graduação – Mestrado Profissional em Promoção da Saúde do Centro Universitário Guairacá (UniGuairacá). Atualmente, é coordenadora do curso de Farmácia da UniGuairacá, na cidade de Guarapuava, Paraná.

Os papéis utilizados neste livro, certificados por instituições ambientais competentes, são recicláveis, provenientes de fontes renováveis e, portanto, um meio responsável e natural de informação e conhecimento.

FSC
www.fsc.org
MISTO
Papel produzido
a partir de
fontes responsáveis
FSC® C103535

Impressão: Reproset
Março/2023